義大利品牌公路車&零件完全指南

Italian
Road bike & Parts
Brand Cyclopedia

樂活文化編輯部◎編

DE ROSA

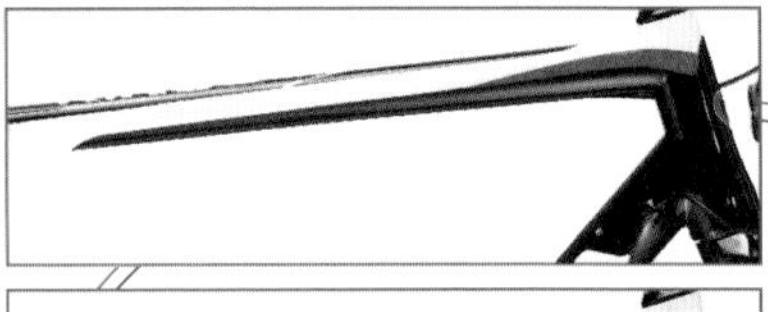

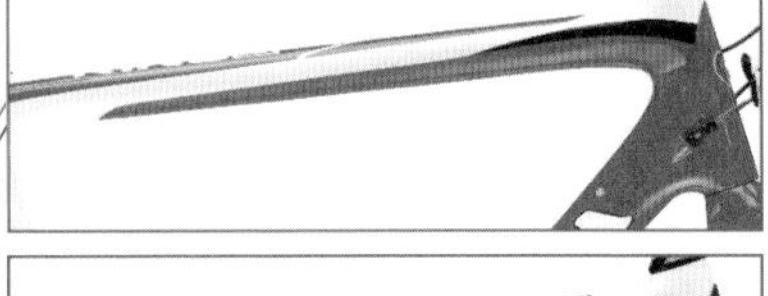

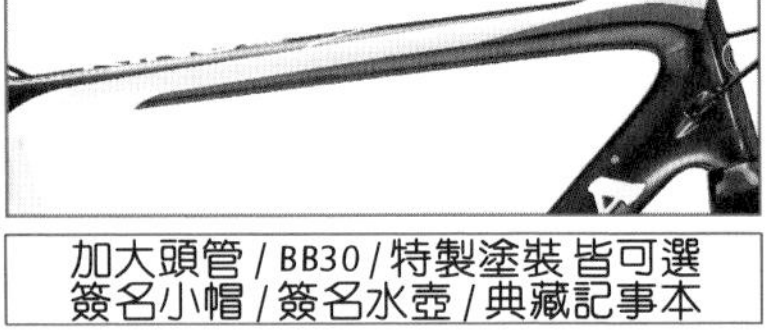

COLNAGO
www.colnago.com
C59
ITALIA
Orgoglio ITALIANO
C59 Italia 是在義大利設計、製造和塗裝的頂級手工碳纖維車款。車
重量約一千克，擁有 Master 經典梅花管外形，車架上、下管內有補
肋片，以及方形截面的後下叉和後上叉，最大限度地增強了剛性
C59 Italia 可選擇 Shimano Di2 電子變速系統或傳統變速系統配置的車架
由於瞭解每一個變速系統的特定需求，我們能夠讓每一位車手都獲
完美的騎乘感，而不會犧牲車架的性能或完善性。
購買COLNAGO車款請務必索取中文使用手冊及保證書以確保您的權益!

在許多琳瑯滿目公路車及零件推陳出新的現今，
許多的自行車愛好者仍舊對於「義大利品牌」有著無比的憧憬。
不論是充滿氣勢的鋼管車架的外觀、
長年受到世界頂尖車手喜愛的名品零件等。
現在就一同來檢視義大利自行車品牌的歷史以及其輝煌的戰績。

ORIGINAL ／ BiCYCLE CLUB、Takehiro KIKUCHI、Takashi NAKAZAWA、Kenichi INOMATA、Masayuki WAKABAYASHI、Tomohiro HOSHINO、Takaaki ASANO

義大利品牌 公路車&零件 完全指南

Italian
Road bike & Parts
Brand Cyclopedia

Italian
Road bike & Parts
Brand Cyclopedia
義大利品牌公路車&零件完全指南

CONTENTS

Logo

Brand

3T

洽詢：泓輪國際　TEL.(04)3600-6969　http://www.vintagecycle.com.tw/

圓弧龍頭
售價：11,550日幣
3T的經典鋁合金龍頭。備有70～140㎜之間以10㎜為單位的各式尺寸。

在把手&龍頭品牌業界中，建立起穩固的地位。

藉由與職業車隊的合作而持續躍進的新生3T

3T是代表義大利製把手&龍頭的廠牌。它的歷史可追溯到1953年。一開始是以「AMBROSIO」的品牌名所創立，並生產把手、龍頭以及輪圈。在70年代初期，將把手&龍頭部門獨立出來，並創立了「ttt」之品牌。從此之後，身為專門生產把手&龍頭的品牌，與同國的cinelli並列為義大利品牌的雙雄。ttt是tecno tube trino的簡稱，在90年代曾被COLUMBUS所收購，但在2007年又再次成為獨立品牌，以新生3T的身份重新出發。

全新的3T團隊積極地研發各類新款零件，提供給盛寶銀行、佳明氣流等職業車隊使用，進行密切的合作，賽場屢創佳績。卡洛斯・薩斯特列選手（西班牙籍，當時隸屬於盛寶銀行車隊）在2008年的環法賽事中稱霸，3T也有所貢獻。

ALAN

洽詢：euroimport TEL.0436-43-0725 http://www.euroimport.sakura.ne.jp/

C-MAX
價格：未定
採用HM T700 12K碳纖維一體成型車架的競技型車款。

作為新型材質車架的開創者
為許多其他廠牌帶來了深遠的影響

ALAN是義大利Padova當地的資深技師—Lodovico Falcone，於1972年所創立的品牌，已累積三十幾年的歷史。品牌名稱是以他的兩名子女Alberto與稱Annamaria的名字所組合而成。ALAN最初就是以劃時代的鋁合金車架而聞名於世。

當時主流的車架材質是鋼材，但Falcone卻一直對此感到疑問：「為何連結處採用的是鋁合金材質，但車架還一直是鋼的材質呢？」藉由這些嶄新的想法與靈感，成為其開發原點。他在1972年推出了以lug接管結構做為連接方式的鋁合金車架，這突破實現大幅度輕量化的車架，在市場上大受好評，尤其以輕量化設計的競技車款更擁有廣大的市佔率，卓越性能更不在話下。由當時延續至今，作為新型材質的車架品牌，ALAN一直活躍在最前線，為其他廠牌樹立了新指標。

Logo | Brand

AMBROSIO

洽詢：喜托普貿易 TEL.(02)2321-5111 http://www.hitopbike.com.tw

X-Fire Pro
價格：289,800日幣（1組）
前輪480g、後輪620g的輕量碳纖維輪組，最適合挑戰爬坡時使用。

重量不滿500g的放射輻條輪組20H，十分驚人。

後輪採用黑色塗裝的交叉輻條輪組24H。

最適合義大利製自行車的義大利國產輪組

AMBROSIO於1952年誕生，主要為輪圈、把手、龍頭的製造廠牌。70年代初期，把手&龍頭部門獨立為「ttt」(現在的3T)後，便轉為輪圈的專門廠牌，致力於高品質輪圈的生產。在品牌的發音上，通常在當地唸作「AMBROZIO」，與品牌的發音有些許的不同。

AMBROSIO生產的輪圈長年被MAPEI、LAMPRE、FESTINA等知名職業車隊所採用。競技用超高級輪圈「Nemesis」、輕量款的「Formula20Chrono」等等，是目前眾多自行車迷們所愛用的名品。由於近年來各大廠牌紛紛走向製作完整輪組的方向，為了因應時代趨勢，AMBROSIO也由原本的輪圈廠牌逐漸轉變為輪組廠牌。上圖所介紹的X-Fire Pro，前後輪總重約1.1kg，就是在爬坡及山岳賽程中，能發揮出其威力的輕量碳纖維輪組。

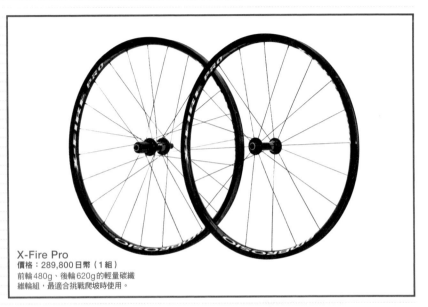

BASSO

洽詢：達陸　TEL.(04)835-3575　http://www.krex.com.tw/

Diamante
價格：480,900日幣（車架）
利用強而有力的管材設計，發揮出高度剛性的碳纖維一體成型車架。

提起行家才會知道的經典義大利公路車那就非「BASSO」莫屬！

一提到「BASSO」，很多人會連想到義大利天然氣車隊的伊旺・巴索（Ivan Basso）。但對於昔日公路自行車賽的車迷們來說，他們所連想到的應該是1972年的世界冠軍車手Mario Basso吧。BASSO的品牌，正是當年的世界冠軍巴索與2位弟弟所一同創立。

其生產工廠位於Campagnolo大本營的義大利・維琴察（Vicenza）。不愧是昔日的世界冠軍所創立的品牌，所推出的產品皆秉持實質剛健的競技風格。全系列的鋼材車架，皆以耐用10年的堅固性能所自豪。BASSO研發碳纖維車架也具悠久歷史。自從碳纖維車架尚未成為主流前的90年代前半開始，便開發了「Barra」、「Diamante」等碳纖維車款。這就是其高度技術力的證明。BASSO是受到玩家們喜愛的義大利自行車改革派的代表性品牌。

Bianchi

B4P 1885 ALU CARBON
價格：199,500日幣（成車）
散發美麗青綠色光澤的鋁合金＋碳纖維後叉三角頂級車款。

身著美麗青綠色塗裝的自行車 對於義大利人來說是特別的存在

創業於1885年的Bianchi，是擁有最悠久歷史的義大利品牌。在義大利，即使是不太熟悉自行車的女性，但一提到Bianchi，有許多人馬上就可連想到「是那個有著青綠色外觀的漂亮自行車」。在義大利街上可看到許多Bianchi的自行車回來穿梭，而累積出了強烈的品牌形象。這個顏色，又被自行車迷們稱為「Celeste Blue」。據說是創辦人Edoardo Bianchi在將自行車獻給瑪格麗格皇后時，由她美麗的眼睛顏色所聯想而出。

當然，Bianchi與其他義大利品牌相同，與自行車賽共同持續成長至今。由二次大戰後開始，Fausto Coppi、60～70年代的Felice Gimondi、90年代的Gianni Bugno、Marco Pantani等選手，就是騎乘著Bianchi奪下了為數眾多的勝利。對於義大利人來說，青綠色是可讓他們重溫知名車手昔日英姿的特別顏色。

Bianchi

洽詢：鑫盟　TEL.(04)2688-8922　http://tw.myblog.yahoo.com/bianchi_club

有著100年以上歷史的青綠色自行車

HOC SL IASP
價格：1,236,990日幣（成車）
Bianchi的旗艦車款。採用Super Record組 裝系統，以純種的義大利品牌來統一全車配備。

有著十字型車架的初代自行車。是最具歷史的義大利品牌，但其設計與今日的車款相去不遠。

19世紀時擁有大規模的工廠生產，當時員工的人數多到無法想像。

由距今約120年前的1885年開始，Bianchi展開了其歷史。滿街都可見青綠色的自行車。

Logo　Brand

BERTONI

洽詢：TRISPORTS　TEL.078-846-5846　http://www.trisports.jp/

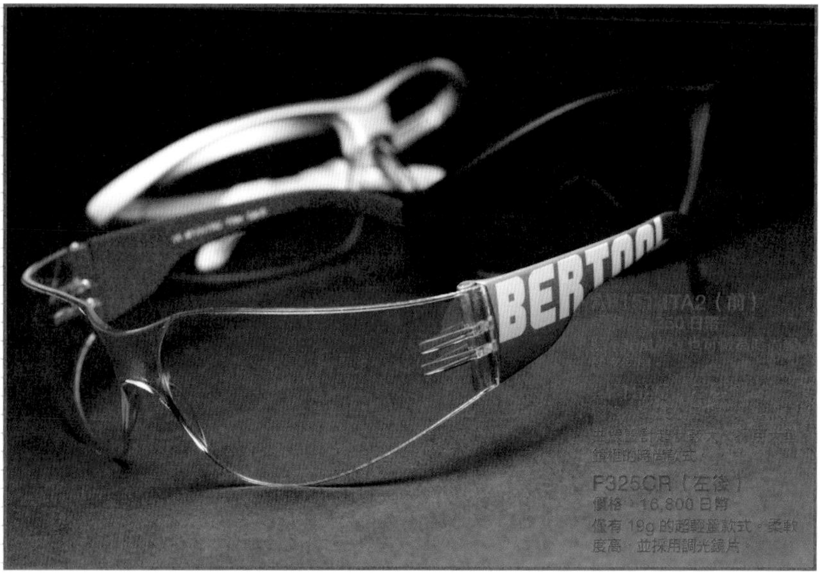

F325CR（左後）
價格：16,800日幣
僅有19g的超輕量款式，柔軟度高，並採用調光鏡片。

義大利設計的極致 BERTONI 的太陽眼鏡

「BERTONI」品牌所屬的義大利Iride公司，是專門販售二輪用太陽眼鏡的公司。其歷史相當久遠，可追溯至20年前的創業當時。原先是專門提供OEM供給的公司，並曾販售過「Ducati」品牌的太陽眼鏡，擁有不錯的成績。另外也曾替其他自行車品牌設計太陽眼鏡，就算是沒有聽過其品牌名稱，但曾使用過Iride公司生產太陽眼鏡的自行車騎士並不在少數。1999年將「BERTONI」品牌獨立出來，原先其販售地點只限於義大利國內，但自2002年起開始海外販售，擴大事業版圖。現在在海外各地也能購買到其產品。其最大的魅力在於充滿義大利風格的沉穩設計。或許有些人會擔心太陽眼鏡的設計是否適不適合東方人的臉型，由於有許多可調整鼻墊角度的款式，具防風以及調光鏡片，重量也非常輕，不妨礙騎乘，所以可安心選用。

BOOTLEG

BOOTLEG
ILLEGAL HARD BIKE

洽詢：Dinosaur　TEL.0742-64-3555　http://www.dinosaur-gr.com/

Z.Z.RATS
價格：398,000 日幣（成車）
前輪為 26 吋、後輪則是採用 700C 輪組的特殊款式。

BOOTLEG 的系列商品是 Antonio Colombo 的畫布

除了印在上管的標誌之外，BOOTLEG就像是cinelli的副牌般之存在。其品牌設計理念非常明確，相對於cinelli走的是傳統競技用自行車的路線，BOOTLEG被定位於現代藝術的延長線上，強調外觀造型，並在城市騎乘用自行車領域中大放異彩。

cinelli現在與自行車管材廠牌的COLUMBUS，同樣隸屬於Gruppo公司旗下。其統帥正是COLUMBUS之創辦人Luigi Colombo優秀的兒子—Antonio Colombo。1977年Luigi Colombo去世後，當時還只是大學生的Antonio Colombo就繼承了公司。由於Antonio天生喜好藝術，甚至在米蘭市的自家內還設有藝廊。

因此，從BOOTLEG所推出的車款中，其產品就像是Antonio Colombo的畫布，富含精緻的藝術性，具有義大利品牌的特有風格。

BRIKO

商品範圍涵蓋眼部配件、安全帽及服飾的綜合品牌

對於昔日的滑雪運動愛好者來說，一提到BRIKO所連想到的應該是滑雪專用蠟吧。BRIKO創辦人Albelt Brignone本身就是滑雪競技愛好者，活用其家族所經營的化學工業公司之知識，而開始了滑雪專用蠟的製造，結合了長期的經驗與最新科技。本人的座右銘是「讓愛好變為專長」。日後BRIKO所生產的高性能滑雪專用蠟，逐漸受到市場的認同，甚至曾被義大利國家代表隊所採用。BRIKO的下一個目標，就是開發運動用眼部配件。由於一般滑雪用護目鏡的平面視野並不能獲得市場需求，為了讓專業選手發揮最大的實力，Brignone在1988年開發出了劃時代的「濾光鏡片」。BRIKO所推出的眼部配件獲得極限速度下奮戰的專業運動員們所認同，進而擴展於各種自行車的領域中。從此之後，BRIKO更進而將其商品範圍延伸至安全帽及服飾領域中，而逐漸定位出其綜合運動用品品牌的形象。

洽詢：威沛貿易　TEL.(02)2694-5806　http://biketech.com.tw/

劃時代鏡片的誕生
改變人們對於眼部配件的認知

ENDURE PRO DUO BETTINI
價格：25,200日幣
附有適合東方人使用的鼻墊設計，為BETTINI限定款。形狀記憶鏡架可以確實貼合使用者的臉部。

ACTION CHAMPION
價格：11,550日幣
採用可100%阻絕紫外線的濾光鏡片。另外還可去除對於人體會產生不良影響的藍光。

身為綜合運動用品品牌，BRIKO的眼部配件，相當適合與其他義大利品牌一同搭配。

Logo | Brand

BRESSAN

洽詢：OLD HANDS　TEL.03-3475-8065　http://www.oldhands.jp/

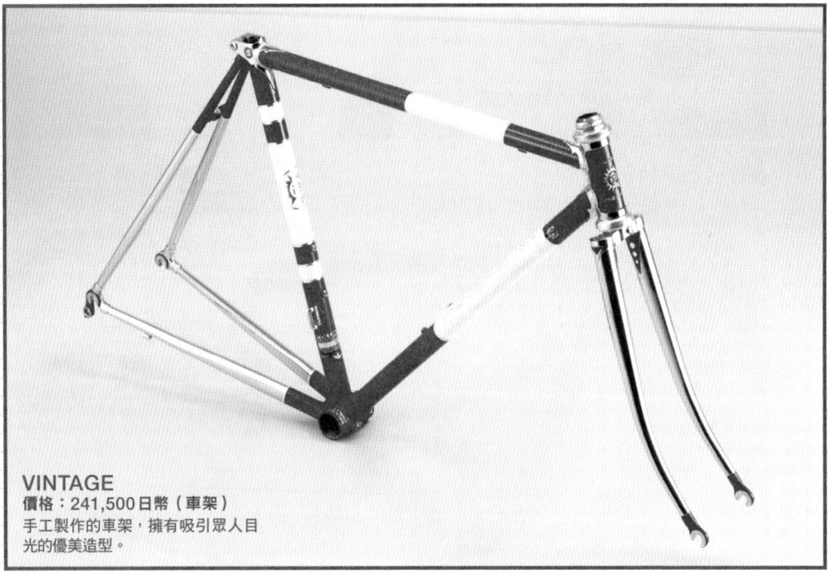

VINTAGE
價格：241,500日幣（車架）
手工製作的車架，擁有吸引眾人目光的優美造型。

1942年，現任董事長的父親在12歲起便開始自行製作車架，擁有輝煌歷史。日後於1972年創立了BRESSAN。

美麗的Lug接管設計滿足了玩家的騎乘快感

最近，在街上也可經常看見騎乘著公路車的騎士，但與義大利相比，只不過是小巫見大巫。義大利號稱為自行車聖地。在週末於沙羅山等自行車勝地，相當令人吃驚的，可以看見絡繹不絕的公路車騎士。在義大利當地，公路車被視為一種「運動工具」。但是在其中，部份廠牌所製造出來的鋼管自行車上，被刻有如同藝術品般的車身裝飾，已經跳脫一般人對於公路車的印象，創造不同新概念。其代表性品牌就是接下來要介紹的BRESSAN。其Lug接管做工精美，甚至連細部也毫不妥協。經過鍍鉻塗裝加工的Lug接管，在明亮的自然光線下，可呈現出宛如寶石般的光輝。鋼管的質感不僅造就了優異的騎乘性與舒適性，除了用來騎乘外，更能當成精緻的工藝品，也能在品嚐紅酒的同時，細細品味其優美造型。這才是BRESSAN的醍醐味。

CARRERA BICICLETTE

CARRERA

洽詢：喜托普貿易 TEL.(02)2321-5111 http://www.hitopbike.com.tw

PHIBLA
價格：590,000日幣（車架）
不惜投入CARRERA最新研發技術所製作出來的旗艦車款，也有提供客製化的尺寸選擇。

積極採用新型材質的競技自行車品牌

過去曾是服飾廠牌的CARRERA，是旗下有著Claudio Chiappucci、Marco Pantani等名將的「CARRERA JEANS」職業車隊之贊助廠商。車隊一開始是用其他廠牌的自行車參加賽事。直到1989年，Davide Boifava教練創立了PODIUM公司，其品牌名為「CARRERA」，出發點在於積極生產自家車隊所使用的高性能自行車。

在以鉻鉬鋼合金車架為主流的全盛時間，便開始積極開發鋁合金車架。透過選手們在比賽中的活躍表現，證明了CARRERA的實力。現今雖然該車隊已經不存在，但CARRERA仍舊被大家認為是追求自行車進化的第一線品牌。現在以碳纖維材質的高階車款，組成了充滿個性的商品線。許多車款也能接受不同尺寸的訂製，從這一點可看出義大利品牌的講究之處。

campagnolo

SUPER-RECORD
價格：352,485日幣～（主要9件組）
為了紀念創業75週年，而在2008年重新復活的旗艦車款。

不只限於義大利
更是全世界自行車界的代表品牌

若提到義大利當地的自行車界代表的頂尖品牌，就非Campagnolo莫屬。它與SHIMANO並列為2大自行車綜合零件的製造商，是創立於1933年的老字號。最初推出的產品是具備快拆的花鼓，可藉此迅速拆卸車輪，並於日後將製品擴充至傳動系統及曲柄等。

在冷間鍛造上有著出眾的高度技術，過去除了自行車零件外，還曾經生產過人造衛星的零件及汽車用的鎂合金鋼圈。現在則是身為自行車專業廠牌，生產出以SUPER-RECORD為首的RECORD、CHORUS、ATHENA、CENTAUR、VELOCE等傳動系統組。自從Campagnolo誕生以來，便受到歷代眾多冠軍車手所愛用，不僅是環法公開賽，在其他各大自行車賽也創下不少功績。其生產的完整輪組也相當有名，除了碳纖維輪圈外，也推出也可對應無內胎式輪胎的鋁合金輪組。

Campagnolo

洽詢：歌美斯　TEL.(06)205-5300　http://www.colmax.com.tw/index.html

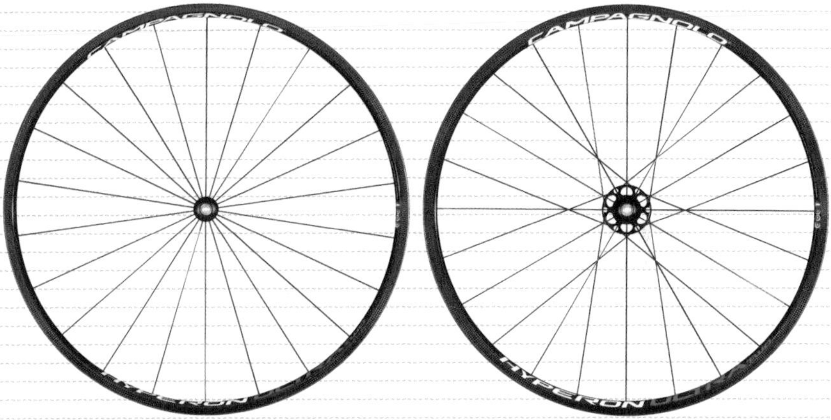

Hyperon Ultra TWO

價格：424,200日幣～（1組）

採用與SUPER-RECORD相同的超低阻科技製法，可將騎乘時所產生的摩擦減少至極限，是令行家垂涎的爬坡用輪組。

受到眾多冠軍車手及騎士所喜愛的品牌

雖然與Hyperon Ultra TWO在外觀上的差異，只在於鋁合金外殼部份，但並未搭載超低阻科技的陶瓷培林。

適用於計時賽及登山賽，與多用途輪組BORA Ultra TWO有著相同外觀的平價版輪組，BORA ONE。

位於交流道旁工業區內的總工廠。

FACTORY REPORT

1

拜訪Campagnolo總公司

CAMPAGNOLO

任誰都曾夢寐以求的
競技自行車零件品牌

Campagnolo總工廠一向都不太接受採訪，在此將一舉公開其最新情報。

PHOTO／Yazuka WADA　ORIGINAL／Takehiro KIKUCHI
TRANSLATION／Masateru YASUDA

擁有至高無上地位的零件組廠牌

對於自行車愛好者來說，Campagnolo是令人特別感到憧憬的公司。就像是法拉利之於F1車手般，只要是自行車愛好者，任何人都想擁有一台Campagnolo的自行車。

雖然近年來，競爭對手的SHIMANO緊跟在後，但在世界各大自行車展參展的頂級車款，就像是標準配備般，長年來都是Campagnolo的RECORD獨佔鰲頭的狀態。

不受天候影響，可忠於騎士的操控來進行減速的煞車系統、簡潔零失誤的傳動套件、忠於機能性而無任何多餘設計的造型、輝煌的戰

掛在會議室內的Campagnolo創辦人肖像畫。

「持續進行細微的改良」
這就是父親教我的事情

愛好日本文化的Valentino董事長說：「雖然沒有一起騎過自行車，但父親直到70歲仍然維持著騎車的習慣。」

1.在整齊排列著大型機具的飛輪生產線上，以男性員工居多。2.就算是細微的零件也不委外製造，而是在自家工廠內生產。

只要有可進化之處就要進行改良 這就是競技用零件的基礎

績……若要將這世界上歌頌著Campagnolo的美麗字句加以表述，是非常簡單的一件事。但除了這些強烈憧憬外，事實上也存在著眾多有關Campagnolo的各類謠言。

距離威尼斯約1小時的車程，Campagnolo的總工廠就位於高速公路4號線的維琴察交流道旁。首先映入眼簾的是大型看板，但一進入公司卻看不到挑高的大廳、華麗的迎客櫃台，甚至沒有公司歷代名品的展示空間。

通常身為特別喜愛Campagnolo的瘋狂粉絲來說，對於其公司內部的裝潢多少會有所期待，但對於Campagnolo來說，對於過去的輝煌歷史卻沒有太大的興趣。工廠內排列著用來測試碳纖維零件的最新設備，在嚴謹的氣氛下持續著商品的製造過程。在這也看不到一般歐美的工廠內常會看到的裸女海報，就連在休息時間時展露笑顏的員工們，在工作時是以認真的神情面對著機器。

外界對於Campagnolo的下游委託製造商一事，普遍有著誤解。不時可以聽到「某某零件其實是不同廠商所生產」的謠言。但就連附有小齒片的螺絲墊片，都是在總工廠內所製造，金屬零件的塗裝及組裝也都是在自家工廠內所進行，謠言不改自破。雖然對於媒體的採訪有嚴格的管制，但Campagnolo秉持著一絲不苟的態度，認真地製作著高品質的自行車。

從父親身上學到的Campagnolo精神

「重點在於不斷改進細部。只要能一點一滴地持續進化，便可使自行車變得更輕或是變得更為時尚。與其耗費在經營上的熱情與手腕，這一點更為重要。」創辦人同時也是父親的Tullio，過去就是這樣教導現任董事長Valentino。並且曾從事汽車相關工作，也曾從日本企業中學到很多事。

「對於工作上的進展方

創辦人Tullio的老家是五金行。在此展示的是創業當時曾使用過的運貨車。

「為了避免不必要的浪費
學習並導入了TOYOTA的生產方式」

1
2
3

1.結束了陽極酸化處理步驟，正在等待最終完工處理的曲柄。2.在進行生產的同時，以放大鏡來確認鏈條有無不良處。3.將經由電腦設計的飛輪，以CNC旋盤來進行切割。

對於CAMPAGNOLO來說
對於過去的輝煌歷史不感興趣

式，日本與義大利有著極大的差異。日本人對於數字等細微部份會花費時間並慎謹進行評估。義大利重視工作的速度，對於細節方面不太要求，由於當時學習到日系經營的長處，在3年半之前，也從位於米蘭的TOYOTA系列公司中，導入了TOYOTA的生產方式。」

Valentino的個性沉默寡言且說話謹慎，給人一種系出名門的柔和印象，但對於輪組及自行車服飾的事業拓展方面，卻擁有積極的態度。

「為了因應自行車入門者與職業車手的需求，我們一直將心力投注在製造符合需求的商品。設計出SUPER-RECORD與VELOCE的是相同團隊，就連耐久性的測試，也都是相同的測試內容。雖然說二者的材質與價格不同，但只要是標上本公司的製品，就不容許一絲的妥協。」

往服飾領域發展、SUPER-RECORD的復活，以及增加過去不足的低價商品線等等，全都是他的判斷。

創辦人Tullio，過去曾在自行車賽中，於Croce d' Aune Pass山路不幸遭遇機械故障，而痛失贏得比賽的機會，這就是他創立Campagnolo的契機。可迅速裝脫輪組的快拆拉桿構造，是初次取得的專利。這將近80

FACTORY REPORT

1

CAMPAGNOLO

1. 幹部們也使用的員工餐廳是Campagnolo的自豪處之一。準備了由前菜至甜點的套餐菜色。2. 採訪當天所提供的菜色是義式筆管麵。3. 員工餐廳的旁邊是來賓專用的用餐空間。採用仿造90年代初期製品的包裝設計風格。

年前的設計延續至今。

對於許多廠牌來說，自行車賽是展示自家商品優點的場所，同時也被視為販售推廣活動的一環。但是對於Campagnolo來說，自行車賽卻是商品誕生之地。培育頂尖選手，並將藉此所研發出來的商品親手交給消費者，這一連串的步驟至今仍維持不變。

過去在採訪研發者時，曾提出過「頻繁的改款是不是代表該商品在商品化的過程中，存在著不完美之處？」之類的疑問。在發問的同時，馬上就得到了「對於我們這種競技用零件的廠牌來說，只要有可更加進化之處，不管是再細微的部份都會予以改良。因為我們相信這就是競技用零件的定義，同時也為了提供更好的商品給使用者」的答案。

在SHIMANO這個競爭對手出現後，Campagnolo以過去未曾有過的速度持續進化中。就連引人好奇的電動變速系統也包括在內。Campagnolo給了我們對於未來自行車發展的提示。

Logo　Brand

Carbon·Ti

Carbon Ti

洽詢：TRISPORTS　TEL.078-846-5846　http://www.trisports.jp/

X-Cap碳纖維
價格：2,730日幣
嚴選使用材質，重量只有6g的螺帽蓋&螺絲組。

身為義大利零件品牌 擅長於鈦合金與 碳纖維製品的研發

身為頂級自行車用的零件品牌，創立於2005年的Carbon Ti專門使用碳纖維及特殊合金材質，屬於較為年輕的品牌，並擅長鈦合金與碳纖維製品的研發。最初設計的是內側採用碳纖維材質、而齒片的部份則是採用鈦合金的混合構造齒盤。相同技術在MTB用的碟煞制動圓盤上也被採用，這些高性能輕量零件的推出，也受到瘋狂期待的愛好者們所矚目。

經過Carbon Ti的優秀技術及革新性的創意所製造的產品，受到征戰世界盃等自行車賽事的選手們所採用，證明了其信賴性。其商品線還另有快拆拉桿與座管束以及輪組等大型零件，種類齊全。碳纖維材質的螺帽蓋搭配上鋁合金螺絲的X-Cap，實現了重量僅有6g的驚人之舉。自家所推出的各類零件，絕不容許一絲的妥協，Carbon Ti就是這樣的一個品牌。

CASATI

洽詢：赫比霍斯　TEL.(02)2767-7718　http://www.hobbyhorse.com.tw/

Ultra Carbon
價格：262,500日幣（車架）
採用高彈性碳纖維材質，
屬於高C／P值的車款。

由家族經營長期受到當地人喜愛
老字號義大利自行車的真本事

CASATI除了做工仔細的無痕焊接技術之外，其鋼管車架也得到極高的評價。曾擔任過Bianchi車隊技師的Pietro Casati，在1920年創立CASATI，並在今年正式迎接90週年。

在被稱為自行車大國的義大利，存在著為數眾多的品牌。但相對地各廠牌之間的競爭也非常激烈，以致能長續經營至今的品牌並不多。特別是許多被稱為cicli的小型工房，多半因為後繼無人而結束經營。然而CASATI一直延續著家族經營的方式，不只受到當地人的喜愛，更曾經培育出在環義自行車賽中奪下優勝的Gianni Bugno選手。

CASATI的鋼管車架極負盛名，此外其碳纖維及鋁合金的競技用車架、以及從義大利科摩湖畔的高級渡假勝地，以Bellagio來命名的休閒自行車等，商品相當豐富。在義大利還提供全車款客製化的服務。

FACTORY REPORT

2

後方的帳蓬部份就是CASATI的展示間。前方則是作業室。

拜訪CASATI總公司

CASATI

父親所教我的經營方針 就是盡可能滿足顧客的需求

其他自行車大廠所辦不到的，
是名為客製化車架的武器。

PHOTO ／ Yazuka WADA　ORIGINAL ／ Takehiro KIKUCHI
TRANSLATION ／ Masateru YASUDA

現在有9位師傅負責手工車架的製作。

光憑電腦是無法做出優質自行車

CASATI總公司座落於米蘭北方的Monza，是充滿歷史及藝術氣息的城鎮。其工房位於老舊出租工廠的一角，不僅看不到如其他大廠般的貨車裝卸貨空間，乍看之下也無法察覺有任何類似店面的地方，新型看板反而比較顯眼。

1920年是由Pietro Casati創立至今，已經過了90個年頭。現在的經營者已經由第二代的Jean Luigi交棒給第三代的Massimo。CASATI雖然在早期就已經進入了日本的自行車市場，但很不幸地其代理商不斷更換。直到近幾年，才開始能維持穩定的商品供給。「正如您所看到的，我們的工廠非常狹小。但我們時時刻刻都將心力投注在挑戰全新的技術，以及活用培育至今的經驗，來製作出氣質優雅的自行車。

現在，使用電腦來設計碳纖維車架的廠商日漸增加。但若不了解有關自行車的基本知

「CASATI所生產的自行車
100%為義大利當地製造」

1. 現在掌管工房的Massimo。
2. Massimo的父親，以及環繞著他的CASATI工作人員。

隨性放置在模具上的工具。經過長年的使用，在細部都下過了一番工夫。

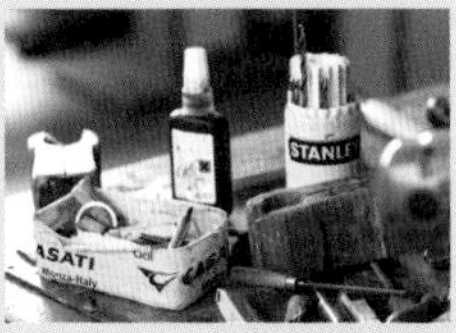

我們的工作是優雅地結合最新技術與過去的經驗

識，就做不出優質的自行車車架。」（Massimo）

雖然一般人對於CASATI的認知，都是偏向適合內行玩家的印象，但在義大利當地，CASATI甚至還有製作兒童自行車等低價位自行車，Massimo似乎查覺到我們的想法，接下來他是這樣說的。

「一般即使是所謂的義大利品牌，大廠總生產量的90％幾乎都是在海外所製造，但CASATI的自行車是100％義大利製。約9成的製品在Monza當地製造，其餘則是在合作的義大利工廠所製造。

過去我父親所教我的，就是盡可能去滿足顧客的需求。所以，並不只限於車架部份，我們更進而提供成車的製品。對於海外市場，雖然說目前的現況是以車架為主，但我們仍想要盡最大的努力來提供顧客服務。」

在工廠的角落設有丈量身體尺寸的空間，當地的騎士可提出自己理想騎乘位置的需求後，再由CASATI來開始製作客製化的車架。

「昨天也接到了來自日本的高難度訂單。顧客是一位身高154㎝的女性，她所要求的是沒有傾斜角度的上管。為了對應此要求，我們集合了全部的工作人員，一邊看著實際物品，花了2個小時來思考對策。或許說公司的效率不佳，但這種客製化要求也只有我們這種小規模工房才辦得到，也是CASATI的特色之一。」

在義大利文中被稱為Su Misura的客製化訂製，對於高級義大利品牌來說，是如同生命線般的存在。不僅提供固定尺寸的車架，配合顧客的需求來提供最為合適的車架，這才是一流品牌的象徵。

雖然空間不大，但有效率地放置著機器的工房，仍舊充滿著強烈的職人氣息。

CASTELLI

TECH自行車帽
價格：2,200日幣
義大利國旗的設計，前半部採用棉質、後半部則是利用網狀材質來提高透氣性。

CASTELLI車衣
價格：13,800日幣
採用與賽沃洛車隊相同設計風格，加上獨特的製作技術，是舒適的車隊車衣。

不斷研發革新製品的
自行車服飾先驅者

CASTELLI品牌創立於1974年，但其起源可追溯至1876年。當時製作CASTELLI自行車服飾品牌的，是米蘭的廠商Vittore Gianni。在1940年代，在CASTELLI創辦人Maurizio Castelli的父親Armando的努力之下，而逐漸打響知名度。當初的契機是，為了贏過當時的公路自行車賽王者Bartali，Fausto Coppi車手，因此不斷試著找出更優良的自行車服飾。Armando為了Coppi的需求，設計出了利用絲綢來取代原本羊毛材質的服飾，而為Coppi帶來了勝利。

繼承父親Maurizio的事業，於市場上推出了使用萊卡布料所製成的車褲。並且推出了配色豐富的及膝車褲、施有昇華轉印圖案的車衣、採用科學材質的冬季用服飾等，種類琳琅滿目。具有防風及空氣力學機能的車衣，其原點也是來自CASTELLI，至今仍舊不斷地進化中。

洽詢：單車喜客 TEL.(02)2725-2641 http://www.biker.com.tw/

不斷推出革新製品的自行車服飾界霸者

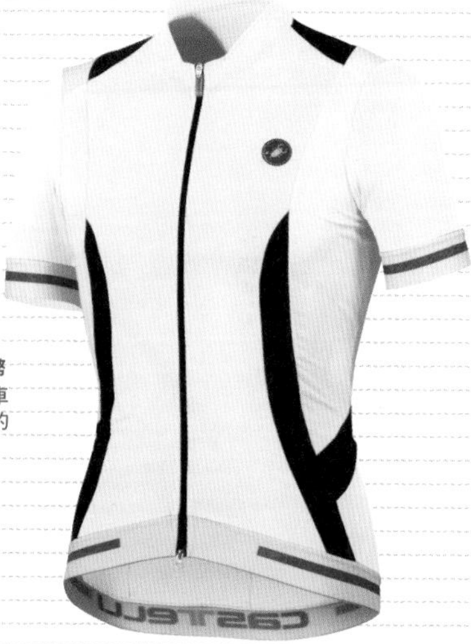

RFS 車衣
價格：17,800日幣
貼身設計的競技用車衣，可抑制騎乘時的晃動。

連身車褲
價格：17,800日幣
以富有伸縮性的材質與可配合身體動作的剪裁技術，實現了極致的貼身感。

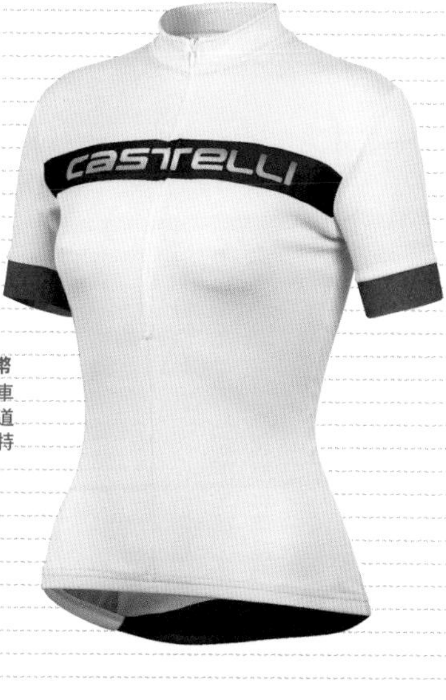

女用車衣
價格：12,800日幣
追求舒適性的女用車衣。適合輕鬆的街道騎乘之設計也是其特點之一。

半指手套
價格：5,800日幣
內部的矽膠襯墊可發揮出絕佳的防滑能力，手背部份採用網狀材質。

cinelli

STRATO SUPER RECORD CT
價格：1,450,000日幣（SUPER RECORD成車）
採 用COLUMBUS的一體成型碳纖維車架之頂級車款。

28面金牌所證明的競技自行車魂

擁有1948年Milan到Sanremo春之經典賽、Giro di Lombardia優勝，頭銜的前車手Cino Cinelli，在1948年創立了該品牌。從此以後Cino便不斷地創造各種出革新製品。以被視為公路自行車指標的SUPERCORSA為首，涵蓋近代型的把手、橡膠材質坐墊、快拆式踏板等零件，都是由cinelli所一手設計出來的。

在創業滿30年時，Cino退出了cinelli，並將經營權交給了COLUMBUS社長Antonio Colombo。但製作革新性產品的路線仍延續著，在1980年推出了採用tig焊接技術的最新設計款名車Laser。過往由cinelli所製造的自行車，在奧運與世界盃中曾拿下多達28面的金牌，也因此站上了義大利自行車品牌的頂點。

現在以Gruppo的子公司之身份，與COLUMBUS一同在義大利自行車品牌中，建立起磐石般的不變地位。

洽詢：Dinosaur　TEL.0742-64-3555　http://www.dinosaur-gr.com/

可表現公路自行車魅力的各式高品質製品

SUPERCORSA
價格：258,000日幣（車架）
採 用COLUMBUS的 鋼管，擁有美麗外型的昔日名作。全部有8色。

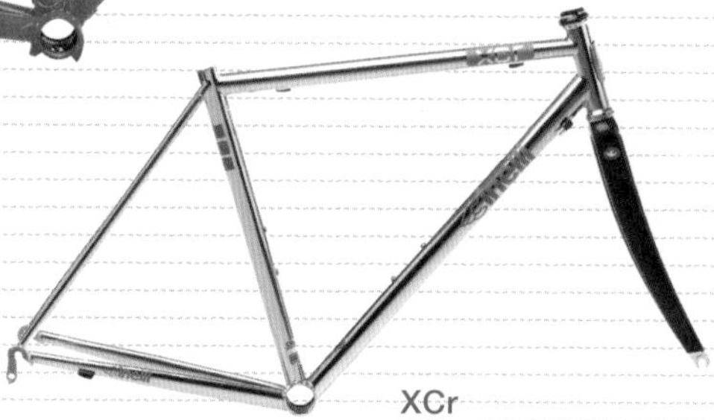

XCr
價格：468,000日幣（車架）
使用新型的不銹鋼車管，其色彩散發出獨特的光芒。

BUBBLE RIBBON
價格：2,780日幣
利用細小的突起，產生出絕妙握持感的車把帶。備有可搭配cinelli自行車配色的4種不同顏色。

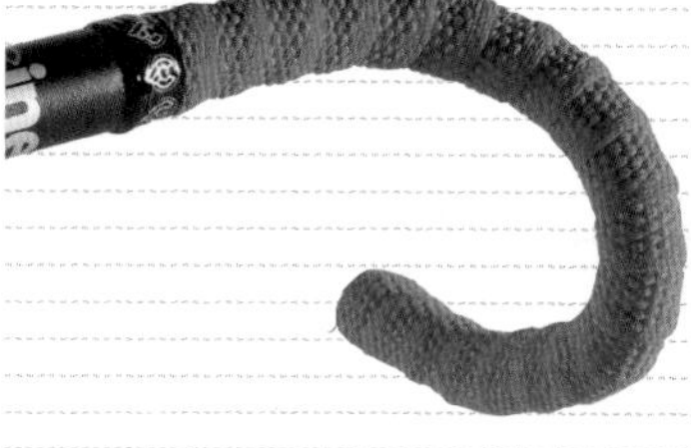

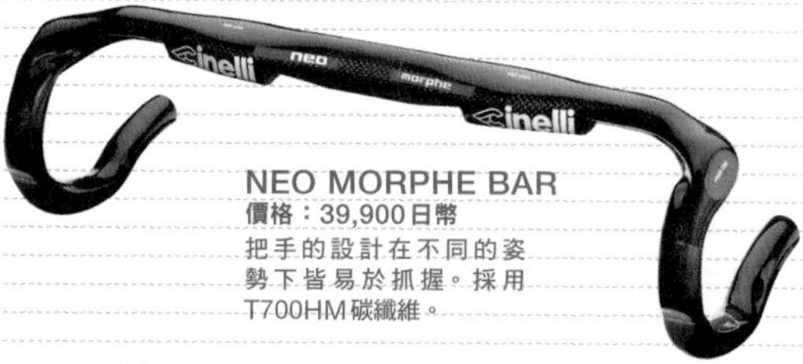

NEO MORPHE BAR
價格：39,900日幣
把手的設計在不同的姿勢下皆易於抓握。採用T700HM碳纖維。

COLNAGO

MASTER 55th 紀念款
價格：1,260,000日幣（成車）
為了加以紀念COLNAGO創立55週年，限量99台的鋼管車架限定款。

正統義大利的技術結晶
在職業自行車賽中散發光輝

在自行車賽中誕生，並且在自行車賽中成長。被定位為義大利2大車架品牌之一，COLNAGO全部的歷史都是在職業自行車賽中所構築出來的。以華麗的造型以及輝煌戰績所自豪的COLNAGO自行車，不只是限於一般自行車玩家之間，對於職業車手來說，也是令人憧憬不已。

除了安定的前進性能之外，同時也實現了輕快操控感的筆直前叉，以及客製化的碳纖維車架等等，各部位無時無刻充滿著革新的獨創性，並且也與法拉利一同進行車架研發等等，可說是義大利最新技術的結晶。

為了提供更平實的購買價格，並將一部份的產品安排在亞洲所生產。但EPS與MASTER則是設立在創辦人Ernesto Colnago自家工廠中，一點一滴地製作出來。

除了融合了最新技術與職人手藝的珍貴競技用車款外，最新的長途騎乘用車款也獲得了極高的人氣。

COLNAGO

洽詢：海伯司達　TEL.(04)2359-6199　http://www.hyperstar-tw.com/

EPS

價格：588,000日幣（車架）

在2008年的環法公開賽發表的旗艦車款。碳纖維車管內側加入了強化骨架。

不僅深受玩家喜愛
也是職業選手所憧憬的自行車

MASTER X LIGHT

價格：283,500日幣（車架）

採用獨創的內部溝槽加工車管，可同時享受鋼管車架與COLNAGO獨特性格的不朽名作。

PRIMA 105

價格：210,000日幣（成車）

採用鋁合金車架，雖然是價格親民的車款，但同時也是實現了義大利公路車的敏捷加速性能之入門車款。

FACTORY
REPORT

3

過去曾經是環義自行車賽出發地點的總公司。

拜訪COLNAGO總公司

COLNAGO

以壓倒性勝率所自豪
世界第一的競技自行車品牌

自誕生以來已提供給超過6000位選手使用，
堪稱公路車之王。

PHOTO／Yazuka WADA　ORIGINAL／Takehiro KIKUCHI
TRANSLATION／Masateru YASUDA

整齊排列的零件。客製化車款至今仍由總公司所製造。

雖然外型相似 但其內涵完全不同

義大利人非常熱衷於公路自行車賽。經典賽與環義自行車賽的實況轉播，其收視率與日本年末的紅白歌唱大賽不相上下。若週末時即將舉行大規模的賽事，星期一開始上班時就可聽到絡繹不絕的賽事話題。大家也會注意到在自行車賽中表現優異的車款。

足以做為競技自行車代表品牌的COLNAGO，是由Ernesto Colnago在1954年所創立。藉由與史上最強的公路賽車手Eddy Merckx的相遇，而開始寫下了輝煌的戰績。從此開始，其名聲並不只限於義大利國內，更吸引全世界公路車賽迷們。

若列舉COLNAGO曾拿下的主要頭銜，除了22次的世界盃、14次的奧運，以及曾征服過7次被稱為經典賽之王的Paris-Roubaix經典賽。其他更不勝枚舉。這就是深受頂尖選手們所喜愛，並持續提供優良器材的證明。

總公司位於米蘭郊外、Ernesto出生成長的小鎮Cambiago。以自行車廠牌來說，算是大規模的公司。一進入其中，馬上就可看到與法拉利共同研發的公路車與F1賽車的前翼部份。此二大公司的合作，對於自行車迷們來說，可說是無人不知無人不曉。「在面對全新挑戰時，需要的是創意與勇氣，於是我去敲開了法拉利的大門。對方一開始感到很吃驚，但我向他們表達了對於自行車的熱情，直到今日仍與法拉利持續著友好的關係。毋需多言，法拉利是擁有汽車界最高技術的公司，其尖端科技也活用於COLNAGO的自行車上。

但是，並不是只要得到法拉利的技術協助就好，製作自行車所需要的是如何去設計它。具備了這兩項要素之後，才有可能製作出優異的自行車。就算外觀都一樣是黑色的，光是碳纖維車架的價格以及品質，就有著完全不同的差異。這就是其他廠牌的碳纖維車架與COLNAGO的差異。」Ernesto如此訴說著。

1. 備有不同尺寸的EPS專用模具，由技巧純熟的職人來負責製作。2. 接受羅馬主教的謁見照片，可看出其功績受到極高的評價。

「不管是職業車手或是業餘騎士 我們所提供的製品都是相同的」

「在面對全新挑戰時，需要的是創意與勇氣。」Ernesto 如此訴說著。

藉由與法拉利共同研發 登上了義大利品牌的頂點

負責製作車架部份是位於總公司對面的工廠。在5年前與捷安特結盟後，現在在義大利製作的，只限於最高等級車款的EPS，與鉻鉬鋼合金材質的MASTER X LIGHT。至今仍堅持客製化的車款必須在自家工廠生產，這是身為競技用自行車品牌的自尊。

「以前只需經營競技用車款，但現今的市場需求不同，為了因應市場的變化，我們在各方面也有所改變。」但即使如此，可客製化訂製碳纖維車架的，只有本公司。我們仍有

FACTORY REPORT 3

COLNAGO

1.設立在總公司內的博物館中，展示著許多昔日的名車。2.車管裁切作業也在自家工廠中進行。3.大廳旁設有可供使用者利用的作業空間。

講究自家工房生產的競技用自行車品牌之自尊

著技術極佳的焊接技師。本身對於自行車的熱情，自始至終沒有改變，今後也會秉持一貫的信念。」

有些品牌的頂級車款與平價車款之質感完全不同，但COLNAGO的全車款卻有著共通的騎乘感，那就是職業選手所喜愛的敏捷加速性能、以及充滿安定感的彎道性能，另外於亞洲所生產的車款也是物超所值。Ernesto說：「我們只不過是誠實地面對成本問題而已。我們已經擁有超過50年以上的自行車製作經驗，若是做出不當的價格設定，就會失去至今所建立起的信用。所以，我們只是將價格設定在適合的價位而已。」

現在身為設計負責人員的他，曾是手握鐵鎚的車架組裝技師。

「本公司方針是設定合適的價格
並誠實地面對成本問題」

法拉利與COLNAGO的組合，以將熱情耗費在賽道上的角度來看，二者是相似的伙伴。去年雖然因為暫時停止了提供器材給頂尖職業車隊使用，而讓外界產生了不安，但他們沒有辜負期望，從今年起又再度復活，並衝刺於勝利之路上。

為了下個賽季，已經將新款的C59車款投入於實戰之中，引發話題並受到大眾的注目。透過自行賽中持續鍛鍊，不斷地求新求變，今後也必須要隨時注意COLNAGO的最新動向。

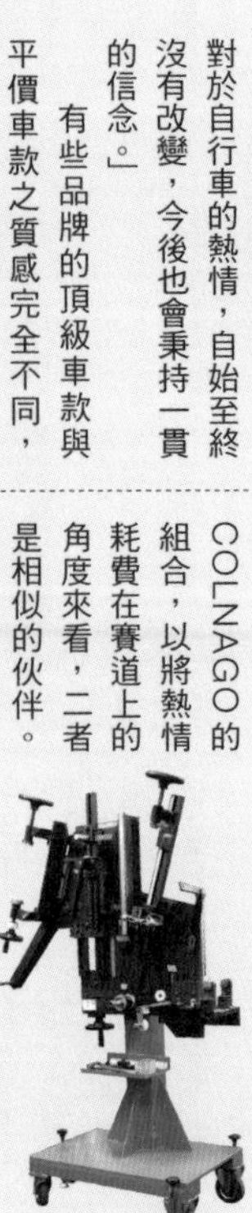

客製化訂製專用的模具，可進行細部地調整。

CHAIN

TECHNICAL CYCLING SHOES

洽詢：城東輪業社　TEL.06-6974-0222　http://www.joto-jp.com/

NOVA
價格：28,875日幣
採用碳纖維底板的旗艦鞋款。透氣底板系統可防止腳部悶熱。

堅持在義大利的自家工廠生產。集結了長年累積的技術，生產出舒適穿著感的製品。商品由最新型工廠所生產。

發揮了在OEM經驗中所培育技術的義大利車鞋品牌

曾以OEM的方式替許多品牌生產鞋子，由位於義大利北方Treviso的sabena公司所經營，成立了CHAIN之品牌。CHAIN在1973年由2位年輕創業家所創立，從當時開始便進行足部配件的開發與OEM生產。從1980年代起，察覺到時代的潮流而轉向生產運動相關製品。在自行車鞋的開發及生產領域中，累積了許多的技術與經驗。以此為根本，在創業20多年的過程中，所有的開發都由自家公司獨力進行的CHAIN誕生了。

雖然並不算是悠久的品牌，但所培育出來的技術與經驗卻是一流的。透過自家生產的方式成功地降低成本，並同時以平易近人的價格提供最高品質的產品。在設計上，也展現出沉穩的義大利風格。不光是靠品牌名氣，而是品質來一決勝負的CHAIN，是實際證明義大利真正實力的品牌。

Logo　Brand

CERCHIO GHISALLO

洽詢：AMANDA SPORTS　TEL.03-3809-2477

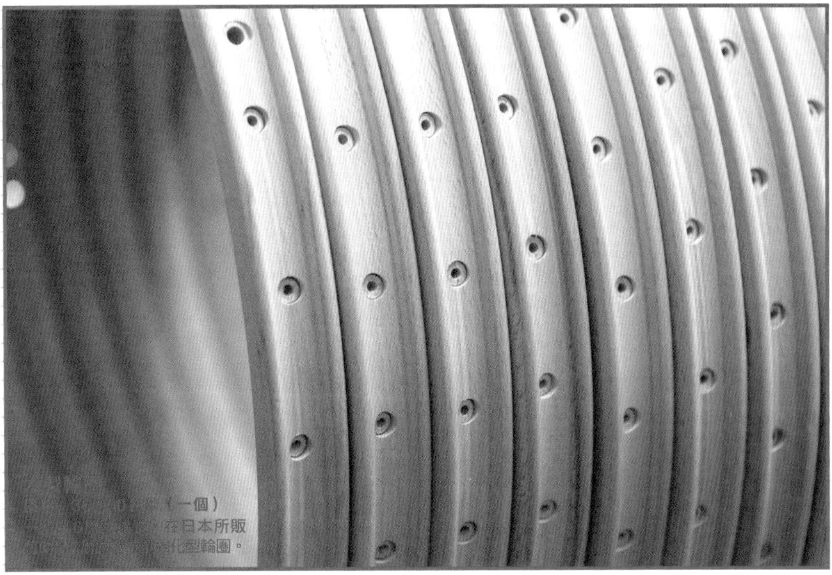

[illegible]（一個）[illegible]在日本所販[illegible]化型輪圈。

以精挑細選的山毛櫸 所製作的木製管胎輪圈

CERCHIO GHISALLO是世界上少見的木製輪圈廠商。雖然在現在的自行車賽中已經看不到它的身影，但從自行車的黎明期開始，有很長一段時間，木製曾經是輪圈材質的主角。於1948年獲得環義自行車賽優勝的Fiorenzo Magni選手，當時也曾使用過木製輪圈，因此聲名大噪而風靡一時。

隨著時代的改變，輪圈材質變成了鋁合金製，並且在90年代後半經過完整組裝的輪組登場之後，專門生產輪圈的廠牌已大幅減少。但是至今以出眾的舒適性所自豪的木製輪圈，依舊受到矚目，雖然其存在已變得非常稀有，但以全世界的自行車玩家為其客群，銷售量仍在持續增加當中。

材質是南斯拉夫出產的山毛櫸。只用木紋平整之處，看不到任何木節，管胎類型的木製輪圈會加以外銷。其他也生產少量的把手與鏈條罩。

FACTORY
REPORT

4

每疊上一層木片，就必須重新上接著劑。為了防止斷裂，WO輪圈採用棉料材質來做為夾層。

拜訪CERCHIO GHISALLO總公司

CERCHIO GHISALLO

製作世界罕見的木製輪圈 距離天空最近的工房

過去是輪胎廠牌Vittoria之前身，屬於老字號的輪圈品牌。

PHOTO／Yazuka WADA　ORIGINAL／Takehiro KIKUCHI
TRANSLATION／Masateru YASUDA

1.等待出貨的木製輪圈。分為4種不同的表面處理類型。2.幫忙Giovanni作業的是兒子Antonio與2位孫子。3. 工房外觀由於連招牌也沒有，不知道門道的人絕對無法探一探究竟。

世界上最小的木製輪圈製作工廠

距離祭祀自行車守護聖人的騎沙羅教堂，大約徒步3分鐘，世界上最小的木製輪圈製作工廠，就座落於汽車修理工廠的下方。雖然也有製作家具，但主要生產的還是以木製輪圈為主。在這狹小的作業空間內，擺滿了許多製作輪圈的工具。

將南斯拉夫產的山毛櫸切割成寬板義大利麵般的形狀，接著再由模具的內側一片一片地以接著劑來貼上，在像是年輪蛋糕般的狀態下加以乾燥。在乾燥後一個個地以機器定型，並用電鑽來打通用來穿過幅條的螺絲頭小孔。看到這一連串的過程，不禁令人大為吃驚，現在居然還有人以手工的方式製造輪圈。

「木製輪圈的優點，就是出眾的舒適騎乘感。」從父親手中接下工廠的Giovanni Cermenati說。雖然也曾有過歇業的危機，但目前以美國為中心，其愛好者正在擴大當中，生產量也日漸增加。

Logo　Brand

COLUMBUS

COLUMBUS

洽詢：diatech products　TEL.0774-20-9964　http://www.diatechproducts.com/

SLX CARBON
價格：199,500日幣（車架）
採用高彈性T700碳纖維的一體成型車架。輕量具高性能深受信賴。

車管廠牌所推出的輕量公路車架

起源於鐵鋼材製造廠牌，義大利的COLUMBUS於1919年創立。不僅是提供自行車用車管給Bianchi，在其他如摩托車與汽車、飛機等領域中，其先進的產品深具高品質，提升品牌知名度也大為成功。一直持續牽引著自行車用車管市場的COLUMBUS，在每個時代都發表了堪稱為名作的車管，受到許多知名廠牌所採用，就算是在主流材質已由鈦合金轉變成了鋁合金的時代，其氣勢仍舊不斷持續著。

在2003年，終於推出了XLR8R碳纖維的製品，而正式加入了碳纖維的市場。從當時開始，公路自行車的勢力版圖便急速地由鋁合金切換至碳纖維材質。

之後還發表了冠上了昔日名作車管SL與SLX之名的碳纖維車架。從創業開始，即使已經過了90年以上的歲月，其光輝卻從未退色。

Daccordi

Daccordi

洽詢：鈦美　TEL.(02)8751-2289　http://www.timac.com.tw/timac/

DIVOS IS
價格：682,500日幣（車架）
採用高彈性碳纖維材質，可訂製各種尺寸的旗艦車款。

為了生產性能優秀的碳纖維自行車
而堅持自家生產的中堅廠牌

Daccordi是Giuseppe Daccordi於1937年所創立的老品牌，現在則是第2代的Luigi Daccordi一人兼任負責人以及車架組裝技師，率領4位專業技術人員進行生產。擁有悠久的歷史，並且仍由創辦人家族來維持經營的廠牌相當罕見。同時對於由鉻鉬鋼合金到鋁合金、碳纖維等急速的材質變化也能應變。

在現今許多義大利品牌將生產據點轉移至國外的風潮中，包括碳纖維車架的成型與接合等步驟，Daccordi仍頑固地堅持由自家來進行生產。自家生產的優點，就是可維持中堅廠牌才有辦法做到的臨機應變之體制，即時對應客戶的需求。就算是頂級車款，仍備齊了可對應不同尺寸及配色訂製的體制。2010年起，重新開始了對於職業車隊的供給。小規模但也確實發揮了其存在感的Daccordi，可說是工房系品牌的最佳代表。

Logo ▌ Brand ▌

Dedacciai STRADA

洽詢：色彩自行車　TEL.(02)2395-9788

SUCURO RS
價格：298,000日幣（車架）
兼具高剛性與振動吸收性，
也曾在環義自行車賽中拿下
分站優勝的碳纖維自行車。

對於材質的徹底追求
所造就出的競技自行車

Dedacciai STRADA是獲得高度評價的車管廠牌Dedacciai之自家品牌。創立於1993年，雖然其資歷尚淺，但依據高度的技術力所推出的豐富商品線，受到多數車架廠牌所採用而急速發展。現在，刊載於Dedacciai型錄上的商品甚至已超過了1200件以上。

以超過20年所累積出來的技術而開發出來的，就是這一款Dedacciai STRADA的自行車。具備由材質本身便開始著手的一貫化生產之優點，以及熟稔各種材質的經驗所做出的車架，可說只有Dedacciai STRADA才辦得到。全碳纖維材質的SUCURO RS與採用了鈦合金後三角的TEMERARIO等等，宛如概念車款般的設計，給自行車市場帶來了極大的衝擊。Dedacciai STRADA可說是指引出未來車架品牌的新方向。

3 A B C D E F G H I J K L M N O P Q R S T U V W X Y Z

Deda ELEMENTI

洽詢：歌美斯　TEL.(06)205-5300　http://www.colmax.com.tw/index.html

ZERO NERO
價格：27,930日幣～
在碳纖維本體上採用了鋁合金連結部的輕量龍頭。高剛性且振動吸收性佳。

KRONOS
價格：64,680日幣
可得到最佳空氣力學效果的把手。550g的輕量款。

超過20年以上車管開發經驗的零件品牌

正如其品牌名般，Deda ELEMENTI是Dedacciai的零件品牌。公司的主力範圍是研發碳纖維、鋁合金、鈦合金、鋼材等廣泛材質之車管，以累積超過20年以上的技術所開發出的各類型產品，受到以頂尖職業車手為首的使用者們熱烈支持。

以把手、龍頭以及坐墊柱等零件為主的商品線，能夠按照使用的特性，並針對實際騎乘時的狀況，恰如其份地發揮出各種不同材質的最高性能。並且更在製品表面加上微粒子，來提升材質特性的K．E．T表面硬化處理等具代表性的加工技術，也極受車手與玩家的好評。豐富的商品線也可供使用者來挑選適合自己尺寸的製品，能將技術融入各類自行車，擁有豐富開發經驗同時又能發揮最佳性能的Deda ELEMENTI，儼然已經成為各界自行車零件品牌的新指標。

Logo

Brand

Deda TRE

洽詢：Kawashima Cycle Supply　TEL.072-238-6126　http://www.riogrande.co.jp/

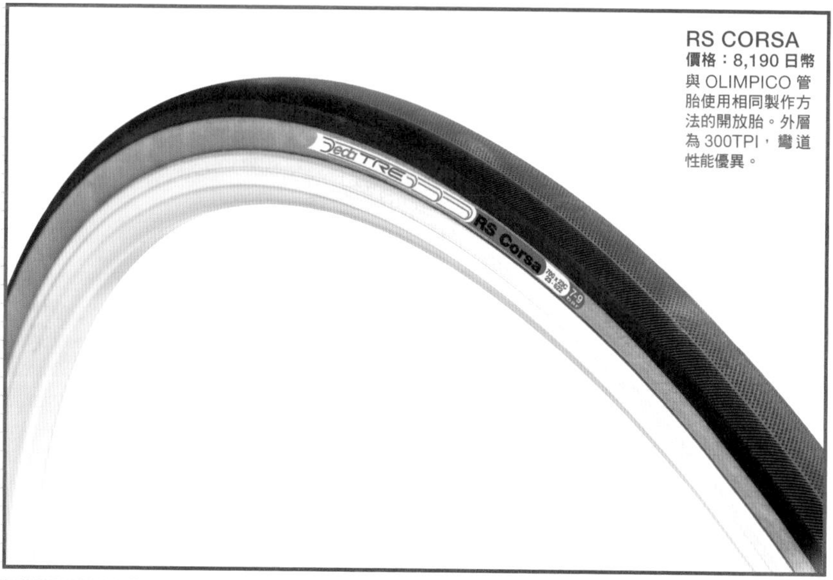

RS CORSA
價格：8,190 日幣
與 OLIMPICO 管胎使用相同製作方法的開放胎。外層為 300TPI，彎道性能優異。

藉由義大利的純手工技術才能實現的開放式管胎

Deda TRE 是與 Daccordi、Deda ELEMENTI 隸屬同一集團旗下的輪胎品牌。堅持依循傳統製法，但同時也是使用最新的材質來實現高性能的品牌，在兩者結合下誕生最先進產品。OLIMPICO 以及 RS CORSA 等頂級款式皆是在義大利國內以純手工製作而成。

Deda TRE 的特徵在於開放式管胎的 RS CORSA。雖然與一般開放式管胎都是使用相同 WO 規格的輪圈，但其製作方式大有不同。其原理如同其名，是用與一般管胎相同的製法所製成。將原本縫合管胎二端的最終作業，改以置入鋼絲的製法所製成的開放式管胎。

之所以採用這樣的做法，不僅保有原本管胎的柔軟性，同時也有著與內胎式輪胎易於進行交換的優點。這可說是缺少了義大利專業的技術，就無法將以實現的製品。

DE ROSA

洽詢：浩里奧　TEL.(04)2407-2668　http://www.helioser.com/

KING 3 RS
價格：620,550日幣（車架）
以KING 3為基礎再加上一體成型加工，進而實現了10%的輕量化。

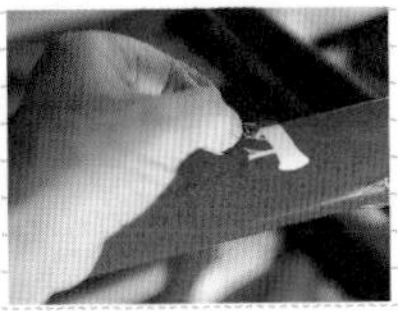

以手工方式印上標誌的作業。PHOTO：Hidehiro TANAKA

活躍於全世界自行車賽 Eddy Merckx也愛不釋手的 義大利車架品牌

若問到世界上最有名的車架組裝技師是誰？或是最受人愛戴的車架組裝技師是誰？相信許多人都會異口同聲地說出「Ugo De Rosa」的名字。

自13歲開始便開始學習車架的製作，1953年於米蘭創立了個人工房。捨去不必要的裝飾，打造出輕量兼具剛性的車架，受到被稱為「輪聖」的Eddy Merckx所愛用，在轉眼之間就令全世界的自行車騎士們深深著迷。此後，成長為足以代表義大利的品牌。越接近前端，厚度越薄的獨創Lug設計，深深地影響日後日本車架組裝人員。

現在則是以KING 3 RS為首的碳纖維車架為主力製品，公司也交棒給3位兒子。兒子的Doriano繼承了Ugo的技術，並活用於採用了鈦合金車架的TITANIO之中。在米蘭郊外製作車架，同時也活躍在職業自行車賽中，這兩項DNA至今一直未曾改變過。

從高速公路4號線也看得到的大型看板。

FACTORY REPORT

5

拜訪DE ROSA總公司

DE ROSA

與輪聖一同成為傳說的義大利車手

只要是以參賽為目標的騎士，
都曾憧憬過的DE ROSA，其近況如何呢？

PHOTO／Yazuka WADA　ORIGINAL／Takehiro KIKUCHI
TRANSLATION／Masateru YASUDA

等待出貨至日本的車架。

採訪本人時心情像是漫步在雲端

傳說中的車架組裝技師Ugo De Rosa在1988年所建立的工廠，其位置就座落於距離米蘭市中心北方約8km的城鎮—Cusano Milanino工業區之中。有關於這位名師的豐功偉業，也許花上三天三夜也無法說完。自13歲開始便開始學習車架的製作，以及與輪聖Eddy Merckx的邂逅等等，時常被全世界各大自行車雜誌報導。

在1969年的某個早上，Merckx的車隊技師拜訪了他的工房。並且轉告他：「Merckx希望你能製作將於6天比賽期間所使用的賽道專用自行車。」

「當時我開心極了，心情就像是漫步在雲端。當時我是ZONKA車隊的技師，也就是隸屬於Merckx的對手車隊。但是畢竟他挑中了我，我馬上就答應了。」

Ugo為了Merckx，在當天的傍晚便立即把車架製作完成。當然的，並沒有足夠的

1.在工廠內工作的員工，多數是資歷超過10年以上的資深人員。2.原型車架就這樣隨性地置放在工廠的角落。

一進入工房，柔和的表情馬上一變。以嚴格的目光在審視著兒子的工作。

再怎麼優秀的設計
若失去了精確度就沒有意義

時間可以進行車架的塗裝。

Merckx使用這台未經塗裝的車架而得到了好的成績，並且在隔年又提出了製作公路車的委託。

雖然Merckx從未騎乘過DE ROSA品牌的自行車，但曾使用過Ugo的車架這件事，卻是廣為人知。再加上Moser、Motta等當時知名車手們的騎乘，現今已成為最為知名的義大利品牌之一。

長年來，一直以車架焊工的身份站在第一線的Ugo，已經在2008年離開了生產第一線，正式退休了。過去Ugo專用的焊接作業空間，現在由兒子Doriano所繼承。

「在製作車架時，最重要的是精確度。無論車架的設計再怎麼優秀，若失去了其精確度，也是沒有用，這是我長期以來不斷跟員工們強調的理念。雖然說有點像是在老王賣瓜，但我認為Doriano有著製作車架的天份。」

他一邊看著正在進行鈦合金車管切割作業的Doriano，一邊這般地低語著。接著又指導著在正進行作業的兒子。過去曾以鋼管車架為主要製品的工廠，現在則是將主力材質換成了碳纖維，而減少了用來焊接的空間。雖然二者的作業過程不同，工廠內部也隨之改變，但許多的員工都擁有資深的經歷，現場氣氛從古至今絲毫未曾改變，並且依舊傳承著Ugo本人的意志。

「我認為我兒子有著製作車架的天份」

對於「在車架製作方面，是不是已經贏不了兒子？」的提問，他笑著回答「畢竟我是父親，不可能會輸的。」

DMT

PRISMA
價格：47,250日幣
透氣性佳的網狀材質、可平均施力的鞋帶扣等等，投注了全部技術的旗艦鞋款。

濃縮了新概念與高度技術的鞋款

過去曾經營卡鞋販售代理店的Zechetto Federico，由於想要製作真正能令車手與玩家感到滿意的車鞋，而於1978年創立了在義大利文中代表鑽石的DIAMANT公司，進行鞋款的研發與生產。品牌名稱的DMT，是來自Design、Material與Technology這三個單字的開頭字母，同時代表著在這三項領域中，都具有以「世界的頂尖品牌為目標」的高度意識。

在這個目的下，使用防水、輕量且具有適度伸縮性及透氣性的微纖維材質，來取代過去曾是主流的天然皮革，並且在轉眼間大受好評。現在已成長為贊助8隊以上的職業車隊，以及以Alessandro Petacchi為首，深受超過250位職業車手所愛用的品牌，像是PRZSMA等款式，都是舒適而透氣的旗艦鞋款。在車鞋方面，採用目前只有2個品牌才有的日本製特殊微纖維材質，是帶來了眾多革新變化的品牌。

DMT

洽詢：歌美斯　TEL.(06)205-5300　http://www.colmax.com.tw/index.html

受到許多職業車手所認同的舒適穿著感

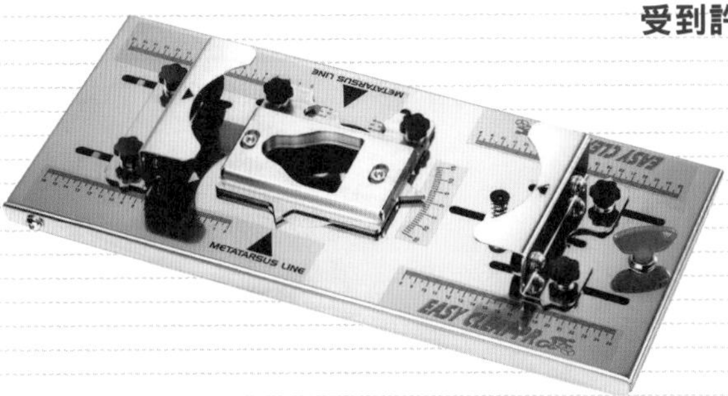

EASY CLEAT PRO
價格：78,750日幣
DMT擁有其專利，在更換鞋底卡踏時，可固定其位置的便利工具。

Impact
價格：29,190日幣
尼龍加上玻璃纖維製作的底板。質輕且具有高剛性，可對應廣泛用途。扣片還可進行細部調整。

防雨罩
價格：4,410日幣
藉由經過防水加工的萊卡材質鞋罩，在雨天時也能維持舒適的鞋內環境。

Logo

Brand

DE MARCHI

DE MARCHI

洽詢：Dinosaur　TEL.0742-64-3555　http://www.dinosaur-gr.com/

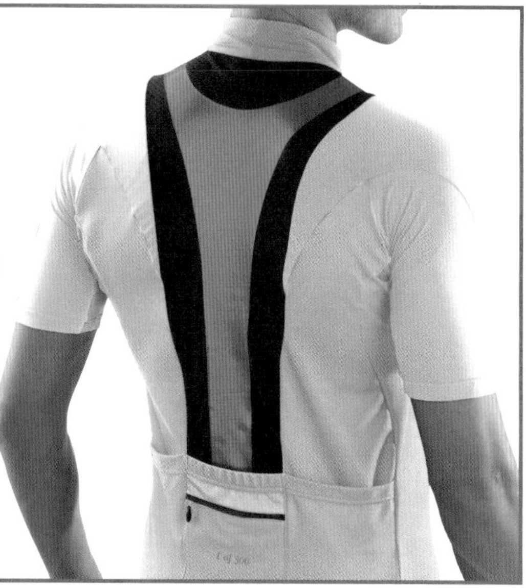

New Contour EVO車衣 白色
價格：27,800日幣（全世界限量300件）
藉由分別使用具有適當伸縮性的材質，可抑制騎乘時的晃動，不妨礙身體的動作。

全款式皆採用符合人體工學的設計
舒適車衣的老字號

曾是自行車知名選手的Emilio De Marchi，在第二次世界大戰結束的１９４５年，創立了自行車服飾公司，這就是DE MARCHI老字號品牌的起源。在創立當時，量身訂製的連膝車褲就廣受好評的DE MARCHI，１９６０年開始，業務更是急速的成長。並在90年代中期，在孫子Mauro承繼公司經營的同時，開始了DE MARCHI的海外發展。

創業以來維持一貫的優良品質，以及以最新技術所製作的自行車服飾，蘊含著DE MARCHI 60年以上的經驗與傳統，而持續研發著絕不妥協的優良商品。特別是全系列連膝車褲所採用的襯墊，全部是採用符合人體工學的設計，並且使用具有速乾性、抗菌性效果的微纖維材質，以及有著不同密度的內部襯墊等優良材質。是一直不斷創造出絕佳舒適性的自行車服飾品牌。

DIADORA

DIADORA THE ITALIAN SPORTS BRAND

洽詢：Cycle Shop TAKIZAWA　TEL.027-231-5619　http://www.takizawa-web.com/

PRORACER 2.0
價格：44,100日幣
兼具最新技術及高舒適性透氣功能之頂級鞋款。

SPEEDRACER CARBON R
價格：22,050日幣
搭載了可以防止踩踏時力量流失的人體工學腳根輔助系統。

支援全世界運動家足下的綜合運動鞋品牌

Marcello Danieli於1948年創立DIADORA，在當時是以登山鞋品牌為其出發點。其品牌名稱是在古希臘文中代表「神所賜予的至高無上禮物」。

現在DIADORA的主要商品線，除了自行車專用鞋以外，在網球、賽車、足球等不同領域，也以極高的市佔率自豪，同時也支援著各類型的一運動流選手。其高品質與舒適度往往受到許多自行車公路賽世界冠軍所喜愛，其高性能更是無庸置疑。

從今年開始，在日本由Cycle Shop Takizawa代理DIADORA的自行車相關商品。不管是公路賽或是MTB用等，都備齊了豐富的商品線。在中階至高階的鞋款之中，皆搭載了符合人體工學的腳根輔助系統。其他如微纖維材質等使用與設計，服貼感及舒適穿著感都廣受好評，獲得運動愛好者的喜愛。

ELITE

SUPER CRONO HYDROMAG
價格：59,900日幣
利用ELST GEL滾筒與流體系統來抑制輪胎的摩擦與噪音。附有5段式負荷調整功能。

其魅力在於傾聽騎士們的意見
而研發出的高品質商品

對於日本與亞洲國家的車手們來說，應該都知道以水壺及水壺架聞名的ELITE公司吧。ELITE創立於1979年，一開始研發的商品是自行車訓練台及車鎖。日後由於積極地廣納各式各樣不同騎士的意見，而開發了水壺架、訓練台、工作架等自行車相關商品的ELITE，也曾是環法公開賽的官方贊助商，成為了積極參與自行車賽的品牌。

ELITE的商品運用了許多的全新概念，特別是採用ELST GEL滾筒結構的訓練台，不只是靜音，同時還兼具高度的實際騎乘感，在歐洲市場建立起了市佔率NO1的寶座。最新推出的「REALAXIOM」訓練台更附有DVD軟體，藉由與電腦的連接，可體驗騎乘於實際路線般的感覺，甚至到了上坡的模擬路段還會增加負荷等等，搭載了先進功能。在訓練的同時，還可享受另一種樂趣的功能。車手訓練時，也擁有了不可多得的好幫手。

ELITE

洽詢：友碩　TEL.(04)2686-8141　http://www.users-bike.com.tw/

V-arion
價格：64,100日幣
輕輕一按即可調整3段的負荷強度。以熱塑性塑膠製成的輕量摺疊式滾筒。

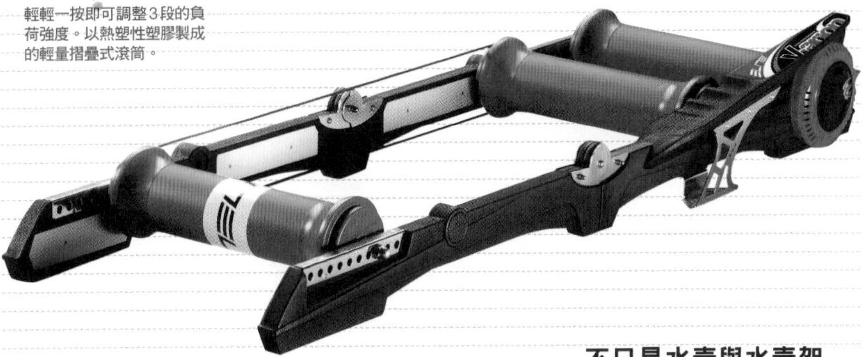

不只是水壺與水壺架
還備有優良的訓練用器材

迷彩水壺架
價格：2,000日幣～
下方的可調式獨特的設計，可穩穩地固定水壺，可說是ELITE的經典款逸品。尼龍製，C／P值極高。

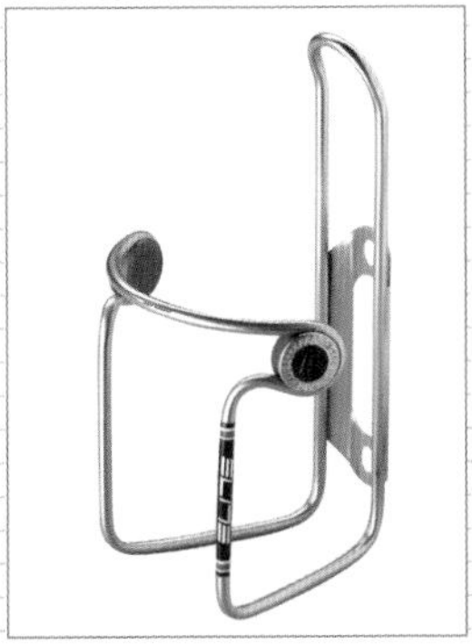

不銹鋼水壺架
價格：2,888日幣～
採用適合鉻鉬鋼合金車架的細型不銹鋼。雖然是傳統式的形狀，但在2處設有塑膠片，可發揮固定水壺的效果

環保水壺
價格：630日幣～
使用100%可分解材質，選手騎乘時萬一掉落或是丟到沒有觀眾的地方，也不易對環境產生影響。可適用於各式水壺架的74mm設計。

fi'zi:k

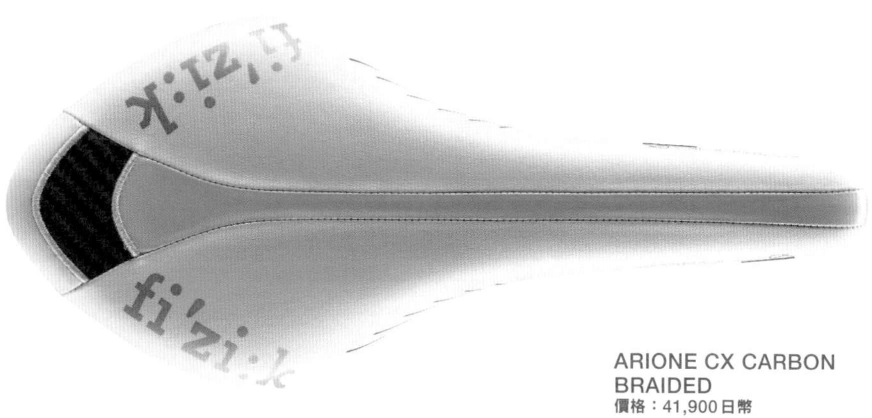

ARIONE CX CARBON BRAIDED
價格：41,900日幣
採用2種碳纖維的輕量平台及加大管徑的碳纖維座弓，性能持續進化中。

投入了眾多最新科技
持續進化中的坐墊品牌

由知名化學家Ricardo Bigorin於1956年所創立的Selle Royal公司，曾製造休閒自行車用坐墊，而打響了品牌名號。在事業一帆風順的1996年，他決定面對全新的挑戰，投入於研發比賽用坐墊款式，而成立了原音與「體格」相似的，高階自行車座墊品牌fi'zi:k。

活用過去的經驗，雖然成功製作出優秀的坐墊，但fi'zi:k為了追求兼具性能及設計感的極致坐墊，而委託善於設計的美國安全帽品牌「GIRO」來操刀負責設計，讓坐墊盡善盡美。一上市就立即受到職業車手們的喜愛，從此成長為肩負提供比賽用坐墊重任的品牌。fi'zi:k的製品在兼具負責研發新商品的北義大利Selle Royal的工廠中，以手工方式來進行生產。

飛快的研發與設計的速度，讓fi'zi:k生產的坐墊總是一直在不斷進化當中，也越來越受到自行車業界與車手的肯定和支持。

fi'zi:k

洽詢：海伯司達　TEL.(04)2359-6199　http://www.hyperstar-tw.com/

不斷投入最新技術
創造高度舒適性的競技款

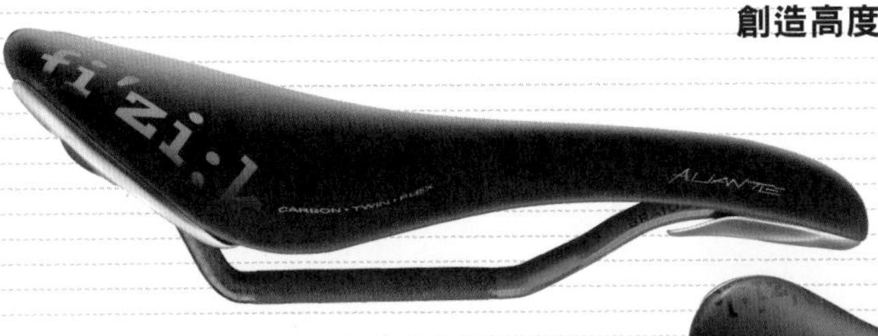

ALIANTE CARBON BRAIDED

價格：32,500日幣

採用輕量兼具舒適性的雙曲線構造，以及碳纖維座弓的競技用款式，成功創造出199g的輕量。

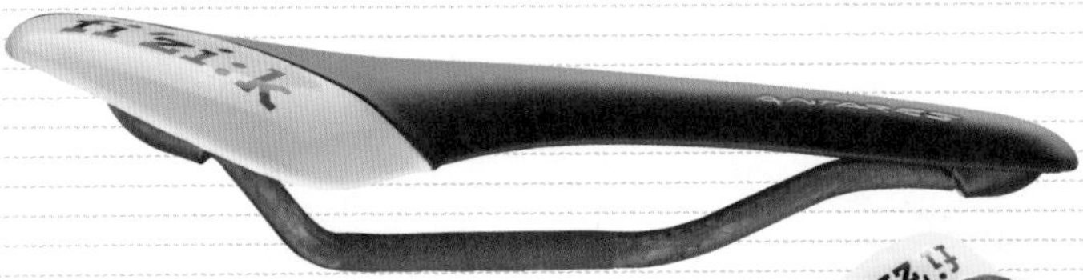

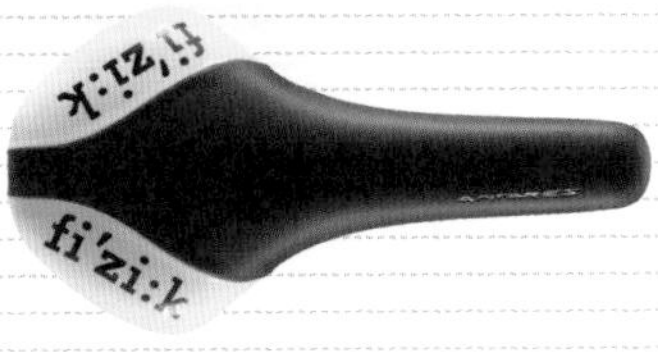

ANTARES BRAIDED

價格：25,700日幣

與其他品牌的輕量坐墊相比，其坐墊含量為3.7倍、且重量減輕至145g，而完成了輕量且擁有高舒適性能的坐墊。

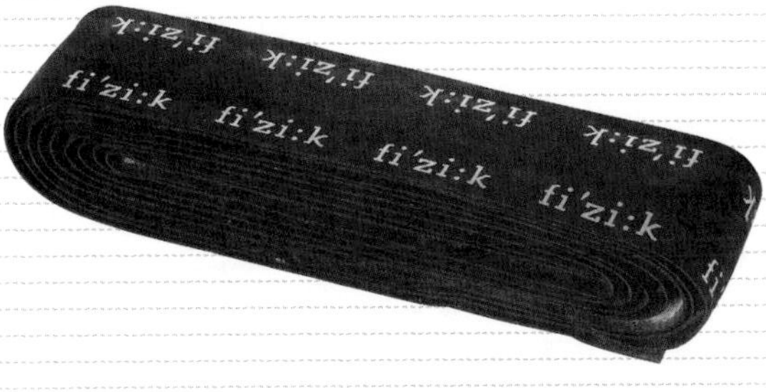

車把帶

價格：1,800日幣

最近推出印有fi'zi:k標誌的車隊復刻版車把帶。另有白色可供選購。

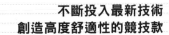

FONDRIEST

世界冠軍以真心真意所製作的 碳纖維一體成型車架

在1988年獲得世界自行車大賽冠軍的義大利車手Maurizio Fondriest。曾在極負盛名的各大自行車賽中，拿下過總計69勝的他，在1991年退休之後，開始與他的哥哥Francesco一同創立競技自行車品牌FONDRIEST。

他活用選手時期的經驗，全新全意地投入車架製作上，在2001年時，曾幫助義大利蘭普利車隊的王牌車手Gilberto Simoni拿下了環義自行車賽的優勝，而在一時之間受到眾人的注目。

近年來不僅是公路自行車，FONDRIEST也廣泛地將事業版圖跨足到計時賽車以及越野賽車等自行車領域。在追求優良的碳纖維一體成型製作方式的同時，堅持幾何完美車架的理念也從未有所改變。並且FONDRIEST也熱心地提供最先進的周邊器材給職業車隊使用，將在第一線奮戰選手們的意見，積極地採用於產品的開發上。

FONDRIEST moving ahead

洽詢：服部產業　TEL.06-6981-3965　http://www.hattori-sports.com/

TF1 TEAM

價格：508,200日幣（車架）

使用可廣泛對應賽道以及長距離自行車賽的HMF30高彈性碳纖維材質。充滿義大利風格的設計也是其魅力之一。

TF1 CRONO

價格：未定

追求極致空氣力學的全碳纖維製計時賽用車款。獲得各大車隊極高的評價。

以橫跨高階至入門車款
廣泛商品線自豪

MX4

價格：195,300日幣（105成車）

鋁合金車架配合碳纖維後叉的限定車款。備有XS尺寸，體型較小騎士也能舒適騎乘。

義大利的製作現場。簡潔而內斂的車架設計，廣受各界歡迎。

FSA

K-Force Light
MegaExo Compact
價格：110,000日幣
內部設有骨架來確保其高度剛性。以完全中空的構造來達到前所未見的輕量化。

受到職業公路賽車隊所採用 具有確實的信賴性

在義大利以及美國皆設有設計工作室的FSA（FULL SPEED AHEAD的簡稱），雖然被定位為新興品牌，但其實之前曾提供頭管、曲柄組等零件給眾多著名品牌，是代工長達30年以上的品牌，對於生產的技術無庸置疑。

現在FSA著力於頂級自行車用零件的製造，並提供產品給Liguigas-Bianchi、蘭普利、CSC等頂尖職業車隊使用，以便聽取職業車手的意見來進行設計與研發。另外不只限於公路車，FSA也提供製品給越野登山車與BMX等領域的競技隊伍所使用，今後FSA又會有哪些驚人的發展，也是受到眾人所期待的事情。

另外，FSA也積極地投入於新規格製品的開發，而陸續推出了Compact Drive與MegaExo BB等新產品。不只是在公路車的領域中，FSA已成為了牽動自行車各界進化，所不可或缺的零件品牌之一。

FULL SPEED AHEAD

洽詢：昇陽　TEL.(06)270-5258　www.sycycles.com/home.asp

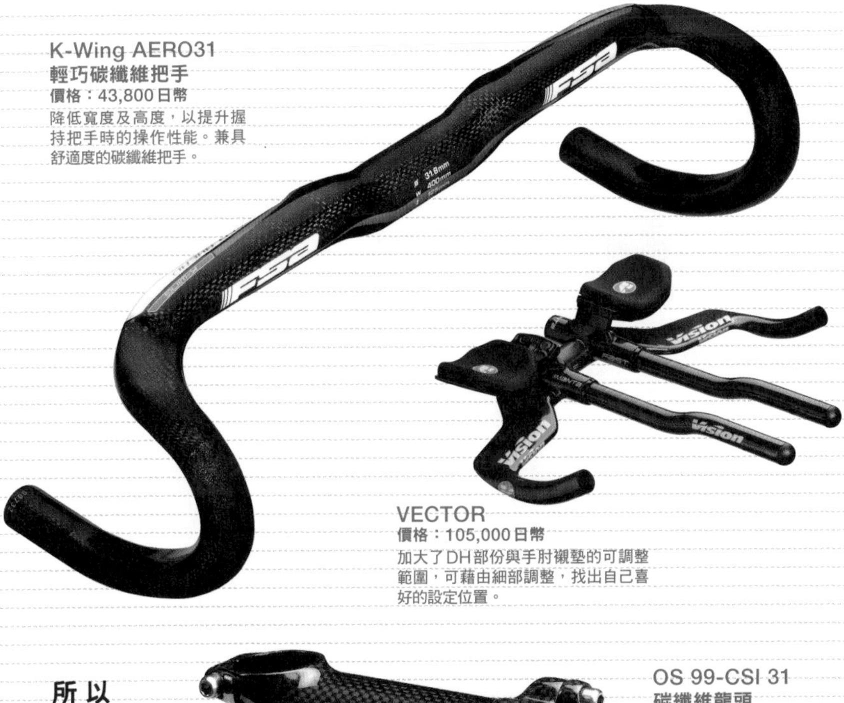

K-Wing AERO31
輕巧碳纖維把手
價格：43,800日幣
降低寬度及高度，以提升握持把手時的操作性能。兼具舒適度的碳纖維把手。

VECTOR
價格：105,000日幣
加大了DH部份與手肘襯墊的可調整範圍，可藉由細部調整，找出自己喜好的設定位置。

以高科技及精密度 所自豪的自行車零件

OS 99-CSI 31
碳纖維龍頭
價格：28,000日幣
除了表面部份並非碳纖維材質，利用輕薄的鋁合金材質來包覆碳纖維，巧妙發揮出兩種材質各自優點的混合款式。

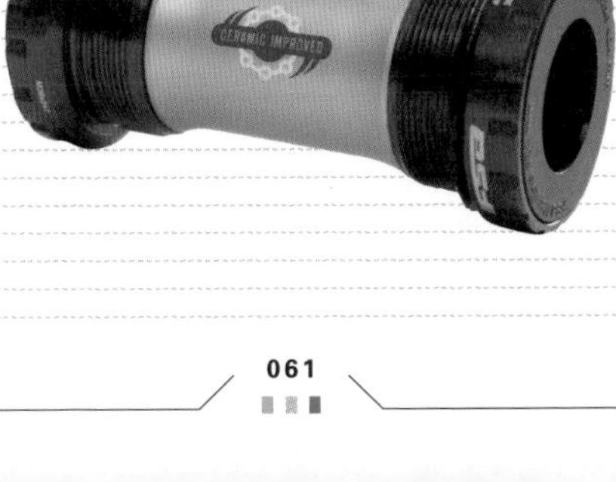

BB-8000
陶瓷培林BB
價格：37,000日幣
設計原理來自於F1的科技，受到職業自行車隊好評的陶瓷培林。

FULCRUM

Racing Speed
價格：294,000日幣（1組）
輪圈高度50㎜、前後輪合計1360g，具有高度輕量化，並使用碳纖維輪圈的管胎輪組。

高品質輪組品牌 以輝煌戰績佐證其高度產品開發能力

FULCRUM是創立於2004年的年輕品牌，但它其實是Campagnolo創立的完全子公司。在創立當時有部份工程師是由Campagnolo加入，因此說不上是新公司。

在創業當時，其中有3位航空宇宙科學家是創業元老，根據他們的專業所延伸出的開發能力與技術能力，FULCRUM的產品受到許多職業車手的青睞與認同。大幅度改良了後輪輻條系統的Two-To-One技術，也是其代表作品之一。

在創立後的5年內，居然拿下了4次的世界盃自行車公路賽優勝。選手包括了2005年的Tom Boonen、2006、7年的Paolo Bettini以及2007年的Alessandro Ballan。此外，曾經拿下2006、7年世界XC冠軍的Julian Absalon，使用的也是FULCRUM的輪組。再次證明了其高度實力。

洽詢：歌美斯　TEL.(06)205-5300　http://www.colmax.com.tw/index.html

將最新科技投入於自行車最重要的零件

Racing Zero 2-Way Fit

價格：181,650日幣（1組）

可同時對應內胎式與無內胎式管胎的2合1類型輪組最高峰。前後輪合計重量為1460g。

Racing 3 2-Way Fit

價格：97,650日幣（1組）

在2合1類型輪組之中，算是高C／P值的款式。平地、上坡皆能隨心所欲。前後輪合計重量1595g。

Racing 1 2-Way Fit

價格：141,750日幣（1組）

不只是自行車賽，也適合每天的通勤及訓練騎乘的2合1類型輪組。前後輪合計重量1505g。

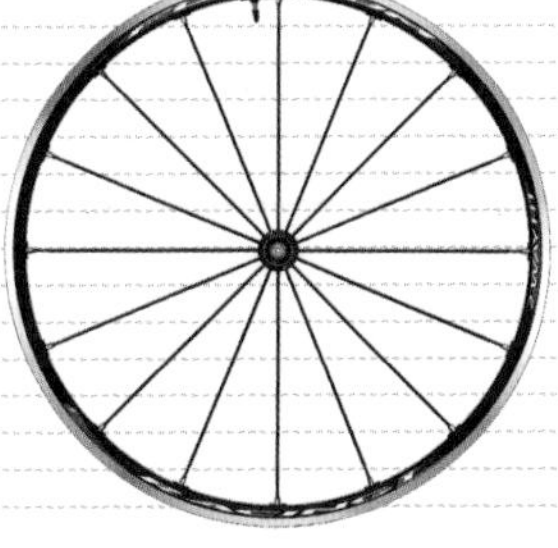

Logo　Brand

OPP
MADE IN ITALY

Fausto COPPI

洽詢：城東輪業社　TEL.06-6974-0222　http://www.joto-jp.com/

DIAMOND
價格：129,150日幣（車架）
採用碳纖維材質的前叉與後上叉，提升了騎乘舒適度的入門車款。

採用碳纖維材質的前叉與後上叉，提升了舒適度的入門車款。

擁有活躍於環法的戰績 使用鋁合金與鉻鉬鋼合金的眾多入門車款

由奪下1940年的環義自行車賽優勝開始，並於1949年達成史上第一次稱霸環法．環義的雙料冠軍等，義大利民族英雄Fausto Coppi在自行車公路賽的歷史上，留下了眾多偉大功績。與Eddy Merckx一同被尊稱「Championissimo」，也就是冠軍中的冠軍。

冠上這位英雄大名的Fausto COPPI，是原本生產休閒用自行車的Maschiaghi兄弟，為了製作正式的競技用車架，取得商標權所創立的新興品牌。在創立當時，該品牌積極地贊助職業車隊，其中包括日本選手今中大介曾隸屬的PORTI車隊。之後在2002年，靠著Paolo Savoldelli的優異表現而奪下了環義自行車賽的榮冠。

除了現今主流的碳纖維材質外，也使用鈦合金與鋁合金等材質，具有古典騎乘感的車款也是其魅力之一。

GAERNE

洽詢：泓輪國際　TEL.(04)3600-6969　http://www.vintagecycle.com.tw/intro.html

MYST PLUS
價格：36,800日幣
為了得到極致表現所開發的競技自行車鞋款。針對東方人的腳型所設計。

推出堅持手工製作的各類優秀商品

在日本以摩托車賽靴聞名的GAERNE，是運動鞋專家Ernesto Gazolla所創立的品牌。以他豐富的經驗與資料為基礎，採用了許多像是立體成型的鞋舌，以及天然皮革製的鞋墊等優秀設計。其高階鞋款為了提高其舒適性，在製作上儘量避免採用縫製的方式，而腳背部份則是利用雷射切割出透氣孔等最新科技技術，各細節的製作非常講究，且有相當出眾的品質。

從今年開始提供製品給Cunego所屬的義大利蘭普利車隊使用。並且在歐美等地的雜誌中被評選為２０１０年的年度最佳鞋款等等，在歐洲的評價非常高。由２００５年開始GAERNE採用了適合東方人的腳型，開始製作最適合東方人的鞋款。想要將更高品質的鞋款推廣給更多車手所使用，由商品堅持以手工製作這一點就可感受到GAERNE的熱情。

GIOS

COMPACT PRO
價格：241,500日幣
使用Dedacciai製造的鉻鉬鋼合金車管，以及優美塗裝的Lug接管。

鮮艷的GIOS藍色是高品質的證明

擁有柏林奧運國手等輝煌經歷的Tolmino Gios，在1948年創立了該品牌。從此便積極地提供產品給職業車隊的使用。1973～1977年這4年的期間，Brooklyn車隊與Roger De Vlaeminck選手累積一共拿下了47勝，耀眼的戰績而讓GIOS盛名遠播。現在公司則由第二代的Alfredo與Aldo來經營，但Gios所徹底堅持將高品質製品精神，現在也由兒子們傳承下來。

在許多品牌紛紛將碳纖維車款定位在品牌頂級車款的潮流之下，GIOS是少數將鉻鉬鋼合金車架定位在頂級商品的品牌。尤其是旗艦款的COMPACT PRO，在推出當時是限量款式，由於大受好評，現在已成為了該品牌的經典款。其騎乘感與舒適性絕佳，絕妙的加速感可充分享受速度的快感，擁有它絕對能滿足車手奔馳於賽道的渴望，可說是充滿義大利工匠精神的公路車逸品。

GIOS

洽詢：鈦美　TEL.(02)8751-2289　http://www.timac.com.tw/timac/

在世界屈指可數的工業都市Torino所培育出的傳統至今仍延續著

ALCANO
價格：312,900日幣（成車）
採用Campagnolo的「ATHENA」傳動系統，7005 Double Butted鋁合金加上碳纖維後叉，以其優異性能而自豪。

直到2001年為止，都在這個工廠內以手工作業，來完成車架零件組裝與最後的確認作業。

佈置著眾多勝利車手們的車衣。

位於Piemonte州的Torino。工廠傳說中的車架就是在此地製作。

Giordana

FormaRed
專業車衣
價格：14,910日幣
具有絕佳服貼感的最高等級製品，又被稱為第2層的肌膚。

號稱為第2層的肌膚
透過一貫生產才能成就的稱號

在義大利北部，位於米蘭西方的Mantova這個城市中，擁有25年以上歷史的服飾品牌「Giordana」。

包括自家商品的版型設計、印製作業，乃至最重要的剪裁、縫製作業等等，都是在自家工廠內進行，是Giordana的最大特徵。

一絲不苟地採取自家生產，如此徹底堅持「Made In Italy」的品牌算是相當稀有。也正因如此，才能長年來維持Giordana產品高標準的品質及管理。

這也是Giordana的商品之所以被稱為「第2層的肌膚」之理由。當然，其產品的高完成度並不是光靠來自於頂尖領域職業車手的指教而已。包含了業餘領域，Giordana也同時詳細累積了來自全世界車手們的騎乘數據，經過精密計算與分析後得到的結果。穿上印有Giordana標誌的服飾，同時也代表了穿上了該品牌的高度品質。讓車手享受宛如第2層肌膚的舒適感。

giordana

洽詢：深谷產業　TEL.052-321-6571　http://www.fukaya-sangyo.co.jp/

隱藏在簡潔設計中的優異舒適性能

Sliver Line車衣
價格：8,505日幣
可由6種色彩搭配中來挑選的全開式舒適樣式。

Technical Art 2010車衣
價格：7,455日幣
胸口處印有畫龍點睛的義大利圖樣，Giordana特別款。

Team Giordana 車隊車衣
價格：12,705日幣
全體印有大型品牌標誌的競技車隊款，兼具速度感與機能性。

Technical Art復刻版車衣
價格：9,870日幣
採用70年代的復古設計風格，復課版同時使用注重機能的新型材質的高機能款式。

Logo　Brand

gommitalia®

gommitalia

洽詢：喜托普貿易　TEL.(02)2321-5111　http://www.hitopbike.com.tw

Platinum
價格：18,900日幣
於義大利國內手工製作，gommitalia自豪的最高級管胎。

手工製作才有辦法實現的極致順暢騎乘感

gommitalia車胎品牌擁有70年以上的悠久歷史，以「Montreal」等長銷款輪圈所聞名，是輪圈&輪組品牌「Ambrosio」的車胎品牌。

義大利是自行車賽的大國，同時也是自行車零件生產大國之一，因此也有許多以手工製作車胎的品牌，gommitalia就是其中之一。

gommitalia的管胎獲得了極高的評價，於近年來拿下環義自行車賽冠軍的Gilberto Simoni等選手也有所貢獻。不管是公路車或是越野自行車的專用車胎，獲得高度評價的原因，是來自於只有技巧純熟的車胎專家，才能製作出的順暢騎乘感。即使是傳統型的車胎，都能感覺到其輕盈且順暢的速度感。

除此之外，也推出了「CALYPSO」低價位的內胎式輪胎，十分具有代表性。兼具高品質，gommitalia同時也有著物超所值的另一面。

Guerciotti

洽詢：CYCLE CREATION　TEL.03-3738-6153　http://www.etxeondo.jp/

LIBRA
價格：229,950日幣（車架）
在Guerciotti的車款之中，採用碳纖維一體成型構造的高C／P值款。

老字號品牌結合最先進技術
創造出充滿個格的競技自行車

Guerciotti是即將邁向50週年的品牌，由Paolo Guerciotti所創立。

Guerciotti在米蘭設有門市，對於重度公路車玩家們而言，相信對於該品牌的名號是耳熟能詳。80年代時Guerciotti也曾試著在美國市場擴大其事業版圖，身為老字號品牌卻總是應用創新的技術，走在時代的尖端。

一提到Guerciotti，馬上就會令人聯想到其「越野自行車常勝軍」的存在感。

在世界盃等大型賽事中所拿下的眾多勝利當中，可看到Roland Liboton、Daniele Pontoni等越野自行車好手們的名字，與Guerciotti連結在一起。在公路車界中，也可看到昔日著名車手，在現今以車隊副手的身份積極參與公路自行車賽。其活動舞台主要聚焦在洲際車隊上，但其先進科技還是一如往昔，也仍然延續著其大膽配色等哲學。

KUOTA

KOM
價格：380,000日幣（車架）
超輕量的870g車架，並同時保有高剛性的KUOTA旗艦車款。

融合最新碳纖維技術與前衛設計的競技自行車

於21世紀才成立的新興品牌KUOTA，是處於自行車大國義大利中，以其最先進的碳纖維科技而領先群雄的知名品牌之一。

在材質的使用方面，特別將不斷鑽研奈米科技的成果，毫不吝惜、積極地投入自家品牌所推出的車架中。

2010年KUOTA推出的頂級車款「KOM」，就是以遠低於1kg的車架重量與獨特的車架斷面形狀，以追求兼固耐久性與強韌性，同時保持高剛性。

KUOTA的車架結合了獨創的設計與高性能，所以不只是職業車手，連業餘車手也對它有著高度的興趣。另外在設計面上，也可看出其流著義大利血統的大膽配色，充滿熱情的風格。

近年來，KUOTA的產品也活躍於以環法公開賽為首的各大自行車賽中。除了既有的使用者外，其名號也開始聞名於自行車賽迷們之間，漸漸地也更廣為人知。

KUOTA
BICYCLE COMPOSITE TECHNOLOGY

洽詢：昇陽　TEL.(06)270-5258　www.sycycles.com/home.asp

KHARMA 105
價格：259,800日幣

搭載SHIMANO・105傳動系統的KUOTA入門車款。以壓倒性的C／P值引以為傲。2009年進行了改款。

在各種路況下皆能發揮其卓越性

KHARMA LADY
價格：259,800日幣（成車）

坐墊尺寸限定465mm、485mm的女用特別配色車款。沉穩的紫色配色相當具有具吸引力。

KULT
價格：328,000日幣（車架）

採用重視空氣力學的車架設計。透過坐墊柱的反轉調整，就可對應計時賽及鐵人三項等不同使用需求。

Logo　Brand

KASK

洽詢：鍵燁　TEL.(02)2525-3203　http://www.cwctpe.com/

VERTIGO ROAD SKY REPLICA
價格：33,600日幣
投入了KASK的各式技術，「天空車隊」最高級復刻安全帽款式。

100% Made in Italy
將安全性轉化為具體的形狀

KASK在自家安全帽的綁帶上明確標示了「100% Made in Italy」。由此可知它是以堅持品質所自豪的品牌。

雖然不算歷史悠久，但在自行車領域外，有著與滑雪用具相關的背景。

除了具有獨特觀點的設計外，也藉由與頂尖職業車隊的合作，在提升提升配戴舒適性上獲得了許多的寶貴知識。KASK擁有獨家專利的配戴系統「UP'N DOWN TECHNOLOGY」。其獨特性在於後頭部設有2個用來調整的旋鈕裝置，與只有1個旋鈕的類型相比，可進行更為立體的調整，針對不同類型的頭部尺寸，以提升配戴的貼合性。

確保安全性的同時實現輕量化的「Vertigo」，採用的是STENGH TENING FRAME。

LIMAR

洽詢：TRISPORTS　TEL.078-846-5846　http://www.trisports.jp/

PRO 104 CARBON ROAD
價格：18,900日幣
安全帽內部使用碳纖維材質，提升了整體剛性的輕量款。

追求時尚的造型與出眾的輕量化

LIMAR這個品牌，成立於MTB在全世界大為風靡前的1986年。

那時公路車手間配戴安全帽尚未成為主流，而美國所推出的新型自行車則支持著LIMAR的初期發展。經過各式各樣的研發與測試後，在80年代後期正式推出了自家商品。

LIMAR原本是義大利的大型聚酯纖維廠牌「MPE」所創立的品牌。由於聚酯纖維是被廣泛使用於一般生活中的科學材質，因此從材質研究到新製法的研發等，LIMAR不惜心力地投入豐富經驗。不光如此，LIMAR在設計上也講究革新性。不只是安全帽的形狀，更以配戴時的外觀時尚性為出發點。

另外，首重舒適性的職業車手們，也指定使用其推出的輕量化安全帽，在市場上佔有一席之地。

LAS

ISTRION
價格：22,050日幣
以較深且較寬的帽體設計，來製作出適合亞洲人使用的安全帽。

VICTORY
價格：27,300日幣
備有可對應不同用途的3種內墊，各種最新科技的集合體。

集結了各種先進科技的老字號安全帽廠牌

LAS創立於1974年，是具有悠久歷史的老字號自行車安全帽品牌，相信自行車愛好者皆耳熟能詳。

其產品除了自行車外，也被賽馬、滑冰等運動的頂尖選手們所使用，其他運動領域中也有著優秀的成績。除了頂尖自行車賽外，從其他運動項目中所得到的廣大分析資料，以及結合了選手們的意見，造就了LAS在耐久性、提升空氣力學性能、減輕噪音、舒適的透氣性等多元化方面有所發展。其先進技術從內墊設計上即可窺見，例如附有兩種不同類型內墊的高階安全帽款，分為高彈力型與速乾型，並針對亞洲人的頭型來調整設計，可依騎乘環境的不同來選擇。

當然，以美麗的色彩塗裝來配合直線型的設計，讓車手即使身處於集團之中也能相當醒目。在配戴舒適性上，獨創的「Cat Eyes Adjust System」設計，實現了以公厘為單位的精密調整旋鈕，騎乘時可以狀況進行細微調整。

LAS
HIGH-TECH SPORTSWEAR & HELMETS

洽詢：NBS　TEL.072-254-3423　http://www.outwet.jp/

直線與曲線所交織出的巧妙設計
不禁令人為之讚嘆

BIONIX
價格：26,250日幣
在頭頂部份採用了大膽的設計，充滿未來感的力作。同時兼具減低空氣阻力與配戴舒適性的安全帽款式。

CRONOMETRO
價格：27,300日幣
採用全聚碳酸酯帽體材質，沒有任何多於設計的「REAL T.T」款式。配備有2種可替換式帽緣。

SKY-S II
價格：27,300日幣
使用基本配色，容易搭配車衣與自行車的LAS經典款。弧度較深的帽型設計，適合東方人使用。

SQUALPO
價格：27,300日幣
以往曾有眾多職業車隊採用，是LAS的長銷款。特殊的直線組合造型，獨領風騷。

Logo | Brand

MASI

MASI

洽詢：建來工業　TEL. (02)2716-8282　http://www.klight.com.tw/index.php

鋼管車架全盛期的職業車手們紛紛選用的MASI自行車

活躍於1930年代的著名車手Faliero Masi，於1949年在義大利所創立的MASI，一直到今日仍繼承了傳統的鋼管車架，雖為老字號品牌，但同時也會順應時代的潮流來製作自行車。

MASI的鋼管車架製作歷史中，擁有在鋼管車架全盛時期的環法及環義自行車賽優勝經驗，昔日的Angelo Fausto Coppi與Eddy Merckx曾騎乘配色不同的相同車款。其紋章上可見到象徵世界第一的彩虹色塗裝。

Faliero曾與其徒弟一同遠渡到美國，其徒弟日後在美國所學習的經驗並加以發揚光大的，就是這MASI的品牌。現在不只是鋼管車架，也推出了各式各樣的商品線，包括中高年到年輕人的廣大年齡層，都是MASI鋼管車的愛好者。另外第2代的Albelt所繼承的，是左頁中所介紹的MASI ITALY。

MASI ITALY

洽詢：OD BOX（ANNEX店） TEL.03-3836-1055 http://www.art-sports.jp/

PRESTAGE
價格：252,000日幣（車架）
將傳統工法加以重生的經典車款，使用嚴選材質的全客製化車架。

優雅的經典車款 令人感到愛不釋手

MASI ITALY原本是被定位在義大利自行車頂點的經典品牌。創業於二次世界大戰剛結束的1949年深具超過半世紀歷史。

座落於室內自行車賽場Vigorelli旁的工廠，與職業車手們的豐功偉業一同成為了傳說。由此工廠中製造出了許多優質的自行車，並且歷代著名車手以其簽約品牌之名所訂製的車架，其實多數都是出自MASI之手，在各類大型賽事中往往締造佳績，因此該品牌成為了一大傳說。現在工房已由創辦人的Faliero傳承至第2代的Albelt手上。鋼管車架特有的曲線美感與車管間的Lug連結處等部位，令人不禁發出讚嘆的裝飾仍然被不斷地傳承著，甚至達到了有如工藝品般的境界，可說是義大利自行車界的國寶。現在在亞洲各國也能體驗這經典品牌的喜悅，有著其他品牌所無法取代的優越感。

MET

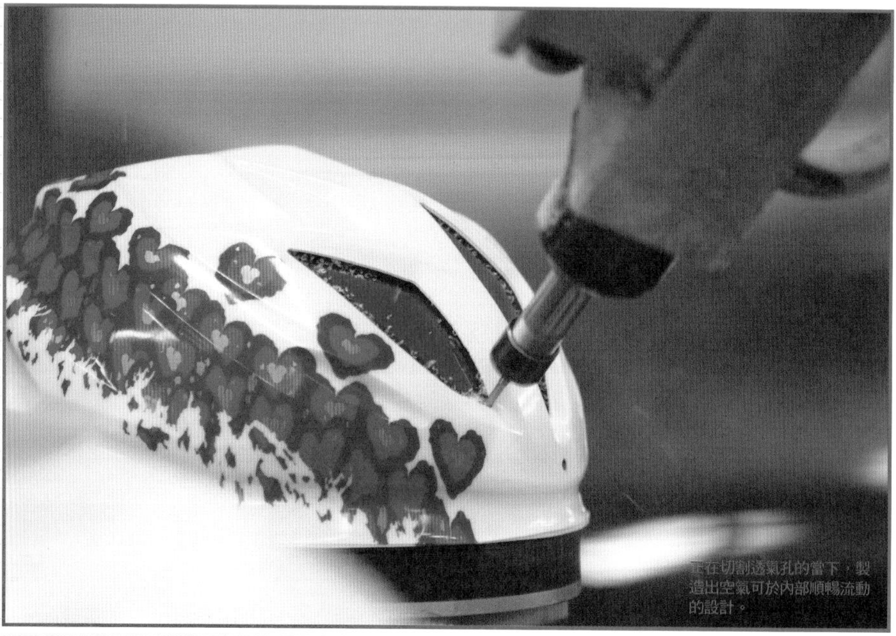

正在切割透氣孔的當下，製造出空氣可於內部順暢流動的設計。

可有效率地冷卻頭部
兼具安全性與舒適性

不需多做說明，對於安全帽來說，最重要的課題就在於其安全性。但並不代表只要對於外力有高緩衝性，就可以稱為一頂好的安全帽。由於在騎乘時會散發熱能，必須同時兼具散熱性與輕量性，才足有被認定為優秀的製品。

MET之所以能君臨於歐洲安全帽界之中，除了符合以EN規格為首的世界級安全標準外，更因為其製品兼具著高度舒適性與時尚的造型設計，兼具安全性與舒適性。

例如為了提高散熱性，市面上可看到許多增加安全帽上透氣孔的製品及廠牌。但MET的最高階帽款「SineThesis」，除了其透氣孔的數量外，還大幅革新了透氣孔配置與內部形狀。內部採用可讓空氣在安全帽內順暢流動的肋骨型排列構造。這種設計造就了頭部與安全帽之間不到20%的接觸面積，騎乘時通風性絕佳。在酷暑之中也能有效率地冷卻頭部，而實現了世界第一的舒適配戴性。

洽詢：InterMax　TEL.055-252-7333　http://www.intermax.co.jp/

除了輕量化之外
更以時尚造型
來博得超高人氣

STRADIVARIUS ULTRA LIGHT

價格：19,800日幣

採用輕量材質「Ultra Light」，是輕量性兼具安全性的高性能帽款。

SINE THESIS

價格：30,000日幣

不採用一般布質內墊，而是利用GEL02 MICRO內墊提高散熱性的頂級帽款。

FORTE

價格：11,800日幣

擁有平實的價格，但同時擁有不輸給頂級款性能的入門競技用帽款。

ESTRO

價格：13,800日幣

以高散熱性及易於搭配的配色，而獲得好評的人氣商品。

FACTORY REPORT 6

拜訪MET總公司

MET

反覆不斷地進行自家超嚴苛測試以超越世界各國安全標準

乍看下似乎隨性，但其實擅長纖細的作業。
這就是義大利人的特質。

PHOTO／Yazuka WADA　ORIGINAL／Takehiro KIKUCHI
TRANSLATION／Masateru YASUDA

靜謐的工廠 擁有義大利的不同面貌

「這就是代表確實地執行品質管理。本公司身為中・高階安全帽的市場領導者，以更甚於各國訂立的安全標準來進行嚴苛的檢查。」

為何如此堅持在義大利本地生產呢？對於相關提問，Luciana副董事長以堅定的口氣來回答。

在市面上充斥著亞洲製的低成本安全帽的現況中，MET仍在距離Como湖西方約20分鐘車程的Talamona工廠內，生產所有的商品。

一進入廠區可見是整排的先進機械，與精簡的作業人員。在以手工進行的作業流程中，可看到許多女性員工專心地進行著作業。雖然不需要如組裝車架般的專業技術，但仍以真摯的態度製作零件。義大利給人一種開朗的印象，但像這樣子「堅守本份」，也是義大利人的另一種面貌。

1 | 2 | 3

1.以手工進行的作業流程，全部由女性工作人員所負責。2.男性負責機械作業。3.簡單但極具機能性的總工廠。

MURACA

洽詢：Cycle Factory ARAI　TEL. 049-261-4623　http://www.cf-arai.com

PRO CROSS
價格：358,000日幣（車架）
可吸收來自於路面的衝擊力，為碳纖維製越野車架。

以使用者為出發點的客製化服務 所造就的順暢優質騎乘感

使用鋼材、鋁合金、碳纖維等各式各樣的材質，來製作競技用車架的MURACA，其首席焊接技師佐野貴昭，任職於MURACA日本代理商的Cycle Factory ARAI，擁有豐富的經驗。

也替大廠牌代工生產的MURACA，在工廠內甚至設有可製作最先進碳纖維車架的壓力槽。

在現今普遍輕忽客製化訂製，而著重於大量生產的市場主流下，MURACA卻逆向而行，以使用者的需求為出發點，提供客製化服務，透過其代理商即可進行鋼材以及碳纖維車架的客製化訂製（現在的交貨期約4個月）。

雖然說現在以越野用車架為主力製品，但使用Dedacciai生產的超薄鋼管所製作的車架，其順暢的騎乘感仍舊相當出眾。以使用者為出發點的設計，堅持一貫原則從古至今未曾改變。

NORTHWAVE

融合了性能與設計性 頂尖選手也感到愛不釋手

NORTHWAVE為眾多自行車賽的頂尖車手們所使用，在其高度的性能與設計性上獲得了極度信賴。在1978年以登山鞋品牌的身份所誕生，在80年代跨足滑雪板用雪鞋、更在90年開始推出了自行車用鞋款，商品橫跨多方領域。反覆不斷地累積對於頂尖選手們的取樣及調查，並參考獲得的精密資料來持續推出許多高性能鞋款。

例如旗艦款商品中的「Aerlite」，就採用了不易受到溫度變化影響的木質鞋墊，加上全碳纖維底板，並透過獨創的S・B・S系統，進行細微調整。並且，與獲得世界頂尖職業車手們所信賴的鞋墊工廠共同研發鞋墊等等，其性能一直在不斷進化。

另外，還以製作鞋子的經驗所累積出的高度縫製技術為基礎，來開發自行車用服飾，擴展商品多樣化。由具有優異機能性的競技用款式，到饒富樂趣的設計性款式等等，商品選擇性相當豐富。

洽詢：InterMax　TEL.055-252-7333　http://www.intermax.co.jp/

AIR LITE S.B.S
價格：39,800日幣
5層構造的全碳纖維底板與可防止悶熱的內墊等，使用了最高級技術的旗艦款。

透過獨創的S・B・S（Step By Step）系統，可進行細微調整。

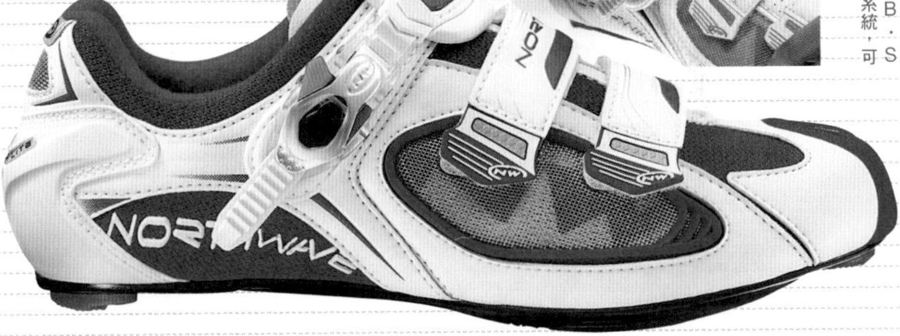

抗風阻的流線造型與包覆雙腳的舒適性

PREDATOR
價格：10,500日幣
採用可隨周遭亮度自動調節鏡片顏色的濾光鏡片。其高設計性，也可於日常生活中使用。

VERTIGO
價格：16,800日幣
加入了具有優異透氣性的排氣系統，並採用了兼具剛性與輕量性的碳纖維RC構造底板。

Logo　Brand

MICHE

MICHE

洽詢：喜托普貿易　TEL.(02)2321-5111　http://www.hitopbike.com.tw

SUPERTYPE 單速車用前輪

價格：110,250日幣

採用碳纖維輪圈的前輪。輪圈高58㎜、重量720g。實現了高騎乘性。

誕生於義大利Veneto州的老字號零件品牌

有許多自行車相關廠牌，將其廠房設立於自行車產業盛行的義大利Veneto州的近郊，MICHE也是其中之一。這是由Ferdinando Michelin與兒子Italo（現任董事長）、以及有著純熟技術的外甥Luigi所經營，超過90年以上一直不斷推出高性能零件的老牌零件品牌（創立於1919年）。其零件製品跨足公路、計時賽以及MTB等不同的自行車領域。全部的製品都是在義大利國內所設計與研發，品質不在話下。

在贊助UCI洲際車隊「MICHE」的同時，也推出了許多競技自行車用零件。MICHE的系列製品皆標榜正統義大利設計，一直不斷以提升品質為目標，不管在長距離或是惡劣路況之中都能發揮其高性能。另外，也使用碳纖維與輕量鋁合金等嚴選材質。積極採用革新性技術之處，也是MICHE的特色。

NESS

NESS CARBON ENGINEERING

洽詢：岩井商會　TEL.0748-37-5656　http://www.iwaishokai.co.jp/

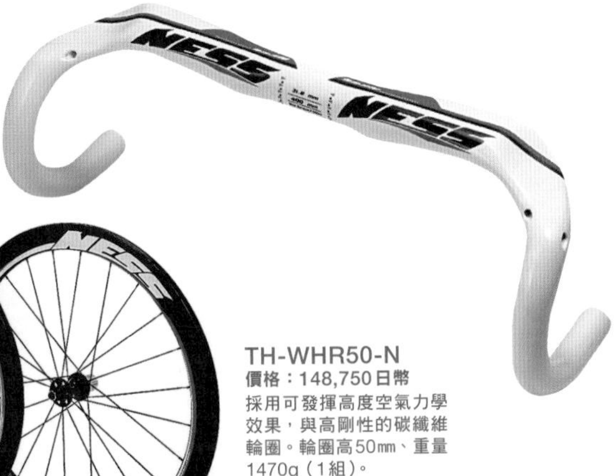

XP-36
價格：28,000日幣
使用碳纖維材質，重量285g。尺寸有400、420㎜（C-C）2種。

TH-WHR50-N
價格：148,750日幣
採用可發揮高度空氣力學效果，與高剛性的碳纖維輪圈。輪圈高50㎜、重量1470g（1組）。

推出許多優質碳纖維零件
在歐洲獲得了高度評價

NESS起源於義大利半島中央，同時也是世界上最古老共和國的San Marino。一開始是以進口自行車零件為業，但由於觀察到自行車市場對於碳纖維零件的需求日漸增加，因此在2006年以「NESS」的品牌名開始推出自製零件，並且在同一年的米蘭車展中發表了碳纖維把手、龍頭及坐墊柱，得到了高度評價延續至今。

連座弓部份都採用了碳纖維材質的坐墊、與龍頭．把手部份一體成型的INTEGRAL把手、用來搭配SHIMANO・Campagnolo製品的管胎輪組等等，除了碳纖維零件，另一方面也有鋁合金等材質的零件製品。另外在本國市場，也以其全碳纖維公路車、計時賽用把手等豐富商品線而引以為傲。不斷研發許多具有高品質且精巧的自行車用零件，在亞洲市場也逐漸提高了其品牌知名度。

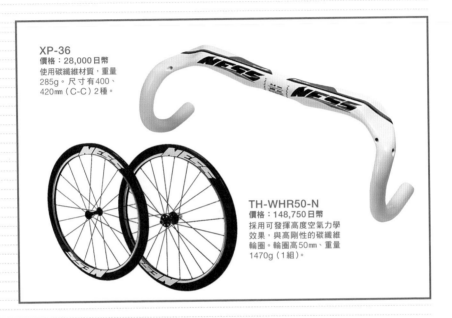

nevi

nevi COSTRUZIONI in TITANIO

洽詢：OD BOX（ANNEX店） TEL.03-836-1055 http://www.art-sports.jp/

STELVIO
價格：346,000日幣（車架）
採用全鈦合金材質，來實現
了具有高剛性的騎乘性能。
車架重量1.39kg（L）

誕生美麗鈦合金車架的北義大利新銳品牌

nevi位於義大利北方鄰近瑞士的Lombardia州，是長年來專注於製作鈦合金車架的品牌。創業於1992年，其高完成性的美麗車架，甚至曾被稱為耀眼的「寶石」，由此可得知其高度焊接技術廣受好評。

nevi的公路車款分為一體成型坐墊柱及一般坐墊柱設計，有3種不同車款，也製作26吋與29吋兩種尺寸的MTB車款。並且還有製作採用碳纖維後叉的小徑車，以提供多元化的選擇。nevi的特徵在於全面展現出鈦合金線條魅力的設計風格。

另外，也推出龍頭與坐墊柱、MTB用前叉、把手等鈦合金製零件。其中特別是鈦合金材質的MTB，採用無避震器式前叉，透過這特殊設計，實現了高度騎乘性與舒適性。若再搭配上高剛性的鈦合金車架，就可完全地體驗到其絕佳性能。

OUTWET

洽詢：來運國際 TEL.(02)2883-9386 http://www.linksports.com.tw/index.htm

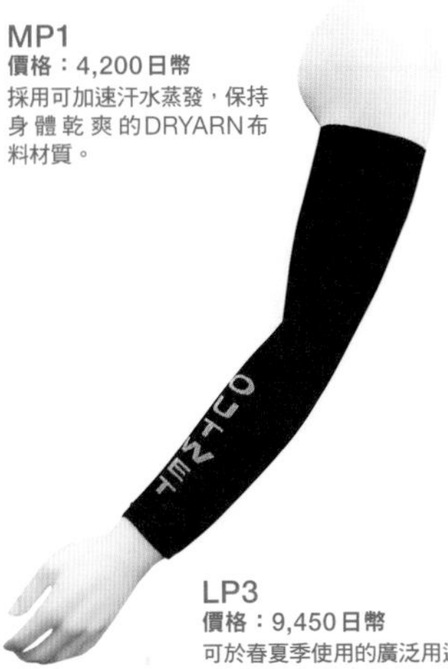

MP1
價格：4,200日幣
採用可加速汗水蒸發，保持身體乾爽的DRYARN布料材質。

LP3
價格：9,450日幣
可於春夏季使用的廣泛用途車衣。採用DRYARN材質，只有1種尺寸。

獨創的織製技術創造驚人伸縮性
單一尺寸即可對應所有體型

OUTWET是創立於2006年的新銳運動內衣品牌，其最大的特徵在於除了袖套與腿套以外，全部的製品皆為單一尺寸。利用獨創的織製技術創造出驚人的彈性伸縮率，由於單一尺寸就可適應大部份的體型，所以任何身材都不用再煩惱該挑選何種尺寸，且具有高度舒適性。

運動內衣所使用的高科技材質「DRYARN」，具有優異的排汗與體溫調節功能，連歐洲各國的軍隊及救難隊也加以採用。再者，此材質為100%可回收再利用，生產時的低二氧化碳排放量也是其優點之一。全部的製品都在義大利的自家工廠內生產完成後，再輸出至各國。

在2009年，正式成為了旗下擁有Ivan Basso車手的義大利天然氣車隊（LIQUIGAS-DOIMO）的官方贊助品牌，在競技自行車賽中也獲得了極高的評價。

OPERA

SUPER LEONARDO
價格：398,000日幣（車架）
使用46HM3K碳纖維，剛性與振動吸收性兼備的優越車款。配備有OPUS前叉、後上叉等。

PINARELLO創立的兄弟品牌OPERA 擁有美麗外型及出眾的騎乘性能

在義大利擁有數一數二高人氣的PINARELLO，在1997年創立了全新的頂級品牌OPERA，成為頂尖品牌的一大新勢力。2004年成為西班牙強力車隊「ILLES BALEARS」（現在的法國儲蓄銀行車隊）之車輛贊助品牌。在2005年的環法公開賽中，幫助該車隊的王牌車手Alejandro Valverde於第10站中，在終點線前的激戰中加以衝刺而拿下了分站優勝，在競技自行車界中建立了其穩固的地位。現在也提供自家製品給義大利的職業洲際車隊來使用，無時無刻活躍於競技自行車賽場上（現在法國儲蓄銀行車隊使用PINARELLO車款）。

設計與生產管理皆由PINARELLO廠所執掌，因此以兼顧受人信賴的一貫品質，其高品質在義大利也獲得了極高的人氣。全車款都以義大利的偉大藝術家來命名，也代表著OPERA兼具著高度的騎乘性能與設計性。

洽詢：海伯司達　TEL.(04)2359-6199　http://www.hyperstar-tw.com/

CANOVA
價格：336,000日幣（成車）
藉由吸引眾人目光的獨創曲線造型OPUS前叉、後上叉，來實現高度騎乘感與震動吸收性的高性能車款。

以義大利孕育出的
偉人來命名
是飛馳的藝術品

BERNINI
價格：230,000日幣（成車）
鋁合金車架＋碳纖維後三角，採用的是SHIMANO 105傳動系統。以縱向加壓加工所製成的高剛性車架。

CELLINI
價格：148,000日幣（成車）
優異的C／P值，採用鋁合金車架的入門車款。其魅力之一是有4種不同的美麗配色。

Logo | Brand

paduano RACING

洽詢：ZETA TRADING　TEL.045-243-9055　http://www.zetatrading.jp/

Fidia
價格：525,000日幣（車架）
以鈦合金為主要材質，在上、下管部份加入了碳纖維材質的高性能車架。

絕不妥協的職人手藝
所孕育出的手工自行車品牌

公司大本營位於義大利中部Umbria州的paduano，是Francesco Paduano於1994年所創立的義大利新興品牌。

在正式創立之前，其製作車架的高度手工技術獲得好評，所以在創立paduano RACING後，以嚴謹的工作態度所生產的高品質車架引起了極大的迴響。並且於2001年時成為Gruppo集團旗下的一員，在生產面上也快速地成長著。

之後，在Paduano心中開始對於自行車車架的大量生產抱持著疑慮。最後他得到了「只想要販售自行製造出來的自行車」之結論，而再次由Gruppo集團中獨立出來。

現在完全堅持手工製作，一整年所能生產的車架是280組。秉持著不允許絲毫妥協的專業精神，以鈦合金做為主要使用材質，而不斷地推出高性能的自行車。

PASSONI

PASSONI

洽詢：赫比霍斯　TEL.(02)2767-7718　http://www.hobbyhorse.com.tw/

TOP EVOLUTION
價格：610,000日幣（車架）
從車管到線材底座，所有的零件皆為鈦合金製。由此可看出其優異的加工技術。

宛如優美首飾般的
客製化鈦合金自行車

就算在知名品牌如天上繁星般眾多的義大利自行車界中，PASSONI也顯得與眾不同。如貴金屬般精心磨製的車管，加上華麗優美的造型設計，結合了具視覺感的配色技巧。在該品牌於1989年誕生以來，就成為頂級車典範的最高地位。

一提到PASSONI，最為人熟知的就是其鈦合金車架。PASSONI的前身為傳說中的品牌─TRECCIA，該廠擅長將俄羅斯出產的鈦金屬板材加工為車管，連把手與龍頭也完全結合了純熟的專業技巧來製作。繼承了其優良傳統，至今所販售的自行車皆為客製化訂製車款。它就像是服飾界中的高級訂製服，重視小細節，全部都是配合使用者的體型與用途來進行製作。

除了鈦合金材質之外，也有製作使用碳纖維及鋼材的車款，來對應許多貴客們的廣泛要求。

FACTORY REPORT 7

一樓為焊接作業空間。二樓設有展示間與淋浴間。

為了找出客戶最佳騎乘姿勢所設立的測量室。

拜訪PASSONI總公司

PASSONI

能對應各國外來客的客製化訂製車架服務

在義大利只有內行人才知道的高級品牌。一同來看看其貼心服務吧。

PHOTO／Yazaka WADA　ORIGINAL／Takehiro KIKUCHI
TRANSLATION／Masateru YASUDA

造就傳說鈦合金車架的極致服務

「就算是再怎麼製作精美的自行車型錄，在訂製時若無法看到實際物品，也會令人感到不安。客戶可在此看到實際的PASSONI車架，經過充分溝通後再進行下訂。」

身為義大利數一數二的高級品牌—PASSONI的Silvia Gurabi董事長，十分耐心地為我們逐一介紹。PASSONI的前身為TRECCIA，是以俄羅斯生產的鈦合金屬材料，製作出車管等完全手工製作的傳說品牌。至今全數車架仍是採客製化訂製的方式。

「首先要先測量手部與腳部的長度，並且在滾筒訓練台上確認騎乘者的柔軟性與騎乘技巧。客製化訂製最初的步驟，是充分掌握客戶的身體狀況，再配合其騎乘目的進行細部調整。」

不只是在製作方面，為了使客戶能夠感到輕鬆自在，PASSONI在各方面都下過一番工夫。在自然採光的房間

「為了使客戶們可以切身感受
PASSONI的服務
一切都是從試乘開始」
PASSONI

帶領我們參觀的是曾經擔任COLUMBUS技術人員的Danilo。

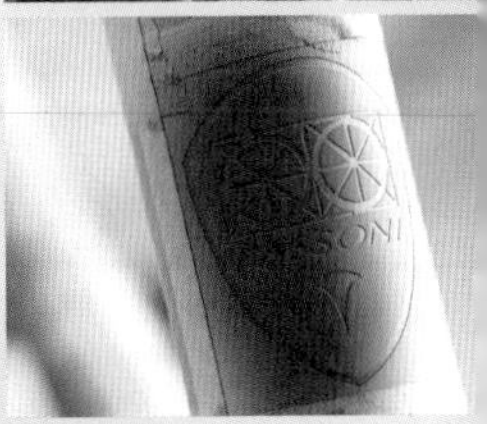

1.完成研磨的車架謹慎地包裝後進行出貨。2.經過噴砂表面處理的車頭品牌標誌。

從進行測量的階段 就開始PASSONI的一連串服務

在宛如高級SPA般的淋浴間內，還設有三溫暖設施。

中，除了測量設備外，也設有正式的按摩台。再者，找出客戶的最佳騎乘姿勢後，還可與工作人員的Danilo Colombo一同試乘自行車。

「在車架製作完成前，需要花費一點時間。因為有關騎乘姿勢的專業知識也算是本公司的技術之一，為了使客戶們可以切身感受到PASSONI的服務，一切就是從試乘開始。」Danilo如此說著。

在試乘路線中，也包含了傳說中達文西曾在此為蒙娜麗莎繪製肖像畫的小山丘。盡興騎乘後，先在設置於工廠旁的淋浴間中，沖掉全身的汗水後，再一邊看著樣品來確定自行車細部的樣式。

在整然有序完全不像是自行車製作現場的工房內，有4位工人在進行焊接作業。完成焊接後，鈦合金車管部份還必須反覆經過10次的研磨過程，才算是正式完成。以這一連串流程所製作出來的車架，一整年僅有３００台。

「當初創立TRECCIA的Amelio Riva，在過去曾是從事航太產業的技術人員，最初是為了友人而開始製作車架。他對於製作方面充滿熱情，在PASSONI之中也是秉持一貫的信念。」

很可惜的，PASSONI目前在日本鮮為人知，也鮮少在車行看到其生產的製品。「至今一直沒有機會能將我們的服務與製品推廣至日本。但若於事前能先與我們連絡，到時我們這邊也會準備好翻譯人員，就能提供與義大利玩家完全相同的服務。」

極致的製品與服務，這就是PASSONI的真本事。

Logo　Brand

PARENTINI
Bike wear since 1976

PARENTINI

洽詢：NBS　TEL.072-254-3423　http://www.outwet.jp/

斐冷翠
短袖車衣
價格：12,[illegible]00日幣
使用具有[illegible]透氣性、速乾性[illegible]質。同款連身車褲售價14,[illegible]00日幣。

開始正式接受車隊訂製！人氣急速上升中的服飾品牌

一直不斷推出許多流行款式的PARENTINI。自1976年起，就以舒適性極佳的自行車衣，來取代過去主流的羊毛材質車衣，而逐漸成長為受到職業車手們高度評價的人氣品牌。之後，曾贊助旗下擁有曾2度稱霸環義自行車賽，80年代明星選手Giuseppe Saronni的「Del Tong COLNAGO」車隊、與義大利國家代表隊等等，而奠定了PARENTINI在義大利自行車界的地位。

為了能將車手的潛力加以引發出來，在產品的製作上極為用心，積極地使用最新機能性材質。並且注重外觀的流行感，將各類要素相互融合也是值得注目之處。

PARENTINI也是日本的UCI洲際車隊「TEAM NIPPO」之贊助品牌，甚至預定從今天夏季開始，提供一般業餘騎士訂製車隊專屬車衣的服務。

DARIO PEGORETTI

PEGORETTI

洽詢：赫比霍斯　TEL.(02)2767-7718　http://www.hobbyhorse.com.tw/

RESPONSORIUM-CIAVET
價格：483,000日幣（車架・前叉）
使用COLUMBUS最高級XCr不銹鋼車管，以其高度耐久性著稱。

義大利的名工Dario Pegoretti。透過他的高明技術，全程以手工所製作的車架，深深地吸引著許多車迷的心。

一整年只能生產500組
透過職人雙手
所誕生的逸品

工廠座落於北義大利的古都Trento，PEGORETTI的特徵為充滿大膽且具有獨創性配色的風格。創辦人Dario Pegoretti，在他15～24歲之間曾活躍於公路自行車賽場上，1977年起開始在岳父的工房中學習製作車架。在經過不斷地反覆研究之後，在1991年成立了自身專屬的廠牌。

不依靠其他材料，堅持只使用Tig焊接所製成的車架，以曾被車管大廠的COLUMBUS讚譽為「極致的職人技術」，擁有高性能所自豪。從兼具耐侵蝕性、耐用度與精密性的車架之中，可感覺到Dario Pegoretti的完美職人信念。

正因為這一份堅持，而限定一整年的生產組數必須在500組以下。充滿藝術性的設計與Dario Pegoretti完全手工製作的車頭標誌，擄獲了公路車迷的心。

PENNAROLA

以最新技術結合專業的堅持
創造出高品質的玩家自行車

於1985年，在自行車文化盛行的Torino當地，誕生出PENNAROLA這個品牌。從設立以來便不斷求新求變的PENNAROLA，不依賴行銷策略，而是以對於製作的徹底堅持，追求產品的優異性能與本質，來贏得了其高度評價。其最具代表性的堅持就是高壓加工製法，採用該製法可減少會對性能產生不良影響的塑膠氣泡，藉此維持高品質，之後也使PENNAROLA獲得了2005年義大利著名自行車雜誌CICLISMO所評選的「年度最佳自行車」封號。「ACRUX」車款現今仍是PENNAROLA的暢銷商品，結合傳統製法，毫無多餘設計。在自行車製作上，還可看出在追求高品質的同時，也講究其騎乘感。特別配合最近幾年流行強調BB軸硬度的踩踏感，同時也相當著重於踩踏感與加速性能。由此可看出PENNAROLA的設計理念，相當重視使用者的感覺與順暢騎乘感。

PENNAROLA CICLI ITALIA

洽詢：REXXAM　TEL.06-6532-8968　http://www.rexxam.com/PENNAROLA/

ACRUX
價格：420,000日幣（車架）
被CICLISMO評選為2005年度最佳自行車的車款。其特色在於兼具騎乘流暢性與加速性能。

圖中為創辦人Robert Pennarola參加自行車雜誌《CICLISMO》「2005年度最佳自行車」頒獎儀式，獲贈紀念盾牌。

追求理想的性能與品質 造就了其高支持度

組裝工房的一整面牆上，排滿了待組裝的車架。一絲不苟整然有序的環境，可窺見其管理的嚴謹。

正在為「ZAFFIRO」貼上貼紙的員工。如果是較為細膩的作業會由女性員工進行，全程堅持以手工製作。

PINARELLO

KOBH
價格：未定
在Paris-Roubaix經典賽所用的最新車款KOBH。適合長距離騎乘。

因Miguel Induráin而受全球矚目的PINARELLO未來動向

若提到現今全世界人氣度最高的義大利自行車品牌，應該非PINARELLO莫屬。退休職業車手的Giovanni Pinarello於1953年成立了個人工房。自60年代開始提供自家器材給職業車隊使用，而接連拿下了環義與環西等大型自行車賽的優勝。但真正使PINARELLO聲名遠播的，其實是起源於Miguel Induráin選手騎乘PINARELLO的自行車，拿下了環法公開賽5連霸開始。

兼具敏捷加速性與舒適性的騎乘感，與施有華麗塗裝的「PRINCE」，從訂購到交貨需等待1年以上的時間，由此可見其史無前例的超高人氣。

現在除了頂級車款的DOGMA 60.1與PRINCE CARBON以外，還推出了成車販售的FP系列（1～7）。還致力於獨創零件的MOST上，由車架品牌逐漸發展為綜合成車品牌。

PINARELLO也成為今年英國天空車隊的贊助品牌。

PINARELLO

洽詢：海伯司達　TEL.(04)2359-6199　http://www.hyperstar-tw.com/

華麗的塗裝與敏捷英姿 令眾人憧憬不已的公路自行車

DOGMA60.1
價格：620,000日幣（車架）

配合施加於車架上的應力，而採用了左右非對稱的形狀。材質則是使用TORAY的60HM1K最高級碳纖維。

PRINCE CARBON
價格：560,000日幣（車架）

連續2年被美國自行車雜誌CYCLING評選為年度最佳公路自行車，屬於純種競技用車款。

FP3 CARBON
價格：418,000日幣（ATHENA成車）

擁有高度戰鬥力的中階碳纖維車款。搭載了多數應用於PRINCE的科技，兼具高度的剛性與衝擊吸收性能。

2008年落成的總公司外觀。原本計劃蓋在屋頂的自行車賽道，現在還未完成。

FACTORY REPORT 8

拜訪PINARELLO總公司

PINARELLO

不斷急速成長著 義大利自行車界新武林盟主

長距離車手知名身份的「老闆級選手」訴說，PINARELLO的現在與未來。

PHOTO／Yazaka WADA　ORIGINAL／Takehiro KIKUCHI
TRANSLATION／Masateru YASUDA

具體實現全新概念 新型材質引導者

服飾業界的班尼頓集團、De'Longhi家電等大型公司所在地的Treviso，是義大利最為富裕的城市之一。在2008年重新改建的PINARELLO總公司，地點就座落於其城牆外。

與DE ROSA兩廠有志一同，PINARELLO創業於1953年，也同樣地將自家器材提供給職業車隊使用，並且曾在1975年幫助Fausto Bertoglio拿下環義自行車賽的優勝的佳績，1981年Giovanni Battaglin的環義、環西自行車賽雙料冠軍等，大放異彩。但還是未能成為像是DE ROSA與COLNAGO般的知

在今年的GF Gimondi自行車賽中拿到第220名成績的Fausto董事長。

「與其將PINARELLO比喻為法拉利倒不如說是賓士更貼切」

「就算是低價車款　也不可能會有任何的偷工減料」

董事長竟然騎著休閒自行車接受採訪。

名品牌。

雖然也曾如此懷才不遇的PINARELLO，到了鋁合金車架成為主流的時代，遇到了重要的轉捩點。1991年時Miguel Indurain騎著採用金屬幾何技術的PINARELLO自行車，而拿下了當年的環法優勝。該車款在日本雖然並不搶手，但在歐洲卻是非常難以入手的車款。

接下來發表的「PARIS」車款，採用了鋁合金車架加上碳纖維前叉，進而改善了鋁合金車架舒適度不完善的缺點。從此以後，其競爭對手們便不斷關注著PINARELLO的最新動向。

奠定了PINARELLO走向成功的基礎，是「PRINCE」車款。將車頭相關零件內藏於頭管之中，藉此提高簡潔的造型設計與車頭周邊的剛性，實現了更為正確的操控性能。再者，使用碳纖維後上叉，使得騎乘舒適性甚至凌駕於先前廣受好評的PARIS。

經歷長達2年的測試才問世的PRINCE，從正式上市前便造成了極大的話題，其壓倒性的華麗塗裝也獲得各界高度評價，成為世界上最難入手的車架。

當時，對於交貨期的問題，董事長Fausto Pinarello說：「交期的問題就像是家人般的存在，有著理也理不清的因緣。」正如他說言，其躍進

9月開始販售的全新KOBH車款，是首重舒適性的高級車款。

仍在持續進行當中。

「現在年產量是4萬台。歸功於投入FP系列車款的成效，最近3、4年販售台數也增加了3倍。」透過與亞洲工廠的合作，成功降低了FP系列的成本，造就一股PINARELLO風潮，也將高級

車款的廠房升級為歐洲數一數二的規模。只是，對於原先的PINARELLO車迷們來說，對新增的廉價車款產生不滿，也是在所難免。

「就算是低價車款也不可能會有任何的偷工減料。因為使用的材質與零件不同，所以價格也有所不同。但不管是任何車款，都屬於PINARELLO的製品，來自於頂尖車隊的技術應用都蘊含在其中。

若將職業公路自行車賽比喻為F1，首先我們並不像是只生產高級車的法拉利，而是接近賓士或是BMW般的存在。雖然說各車款的價格設定有高有低，但所有車款皆投注了競技用的結晶與技術。」

所幸自己所滿意的自行車得到了眾多使用者的支持

本身也參加長距離自行車賽的Fausto，在義大利當地也是有名的車手，至今每週5天的訓練仍是不可或缺，賽季（約半年）中的騎乘距離甚至長達1萬km。

「由於我本身也是車手，所以自己也會進行新製品的測試。並且很幸運地，我覺得不

1.技師正在進行DOGMA客製配色作業。2.自然採光的室內設計，工廠內既明亮又清潔。

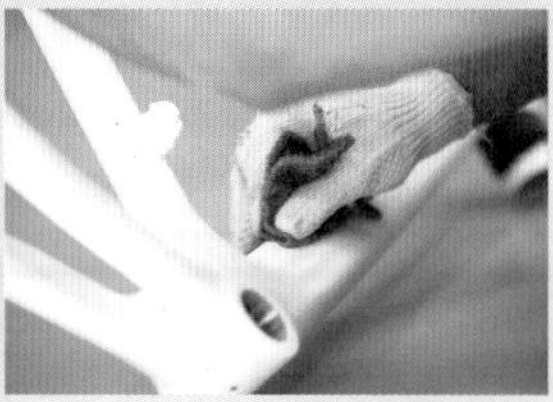

1.由於前置處理決定了塗裝成品的品質優劣，所必須用砂紙細心地進行研磨作業。2.貼上貼紙，用酒精完全去除附著於表面的油脂。3.工廠內的塗裝部門隨著廠房的更新，規模也變大了。

錯的產品，使用者滿意度也接近9成。

毋需多言，PINARELLO是我的名字，背負著自己名字的事業經營讓我樂在其中。當然對我來說享受騎乘的樂趣，

排列著美國自行車雜誌《CYCLING》所頒發的EDITOR'S CHOICE獎牌。

1.穿過大廳後，看到的是超乎一般人對於自行車廠印象的氣派櫃台。2. PINARELLO自信滿滿推出的全新車款DOGMA。

弟弟Andrea。他目前擔任車隊行程規劃的工作。

與PINARELLO的事業息息相關。」

年輕時曾在塗裝部門工作的他，對於塗裝的挑剔的程度更甚於他人。

「以衣服來說，如果不好看的話就沒什麼好說的，自行車也是一樣。我的工作就是為了使員工能更精益求精，必須找來絕佳的材質，這包括了碳纖維以及塗裝等環節。」

從旁看來PINARELLO就像是在高歌著青春般，今後究竟會何去何從呢？

「誰也不知道答案。但重要的是不會滿足於現狀。或許是MTB也說不定，也有可能不是。只是透過FP系列的問世，我們了解到了一件事，就是在製作價值1000歐元的自行車時，也會利用DOGMA所學習到的知識應用在其中。」

現在，PINARELLO已經成為了能與COLNAGO並駕齊驅般的存在。雖然無法明說，但這二者在今後也定將持續牽引著義大利自行車界，而相互切碰琢磨。

Logo

Brand

Pelizzoli

PELIZZOLI

洽詢：OLD HANDS　TEL.03-3475-8065　http://www.oldhands.jp/

SOGNO-AZZURRO
價格：210,000日幣（車架）
使用亮面塗裝的義大利裁切Lug接管。以其細部美感所自豪。

將超過40年的寶貴歲月，奉獻給車架製作的Giovanni Pelizzoli。其技術與經驗，至今仍舊寶刀未老。

在奧運獲得獎牌的實力 傳承傳統與創新的 義大利手工品牌

以其超過40年以上的車架焊接技師資歷，至今仍活躍於第一線的Giovanni Pelizzoli。他曾經進入義大利的名門品牌DE ROSA中學習相關技術並磨練手藝，後來於1967年獨自創立了「CIOCC」。並進一步在1983年成立了冠上自己姓名的PELIZZOLI品牌。

以紮實的技術所生產製造出來的的PELIZZOLI精美車架，在1980年的莫斯科奧運拿下了2面獎牌，並且也活躍於環義、環法、世界盃等各大自行車賽之中。之後也提供自家車架給眾多職業車隊所使用，而受到許多職業選手的喜愛。

車款名稱的「SOGNO」（意指「夢想」），是將PELIZZOLI長年構想加以實現的車款。保留昔日的傳統技巧，與最先進的研發技術所製造出來的車款，外觀設計與性能至今仍吸引著愛車人士。

prologo

洽詢：鉅輪實業　TEL.(04)853-5100　http://www.dirotech.com.tw/home.htm

Choice Max
價格：14,800日幣
增加了原本Choice款式的寬度，並且也增加了坐墊厚度來提高吸震性。適合體重較重的車手使用。

追求嶄新的概念與性能
透過眾多的成績證明

綜觀全世界，像prologo這般獲得了急速成功的品牌也是屈指可數的。創立於2006年，目前僅僅邁向第4年的全新品牌。特別是「Choice」的嶄新設計，任誰都應該會留下強烈的印象。

由創立初期開始，Choice的可交換式坐墊、各部份有著不同厚度的車把帶「Double Touch」等等，致力於以嶄新的概念來研發與騎士身體直接接觸的坐墊。

重視供給產品給競技自行車界，由創立當初開始便贊助職業車隊。使用Choice坐墊的Carlos Sastre選手，在被稱為公路自行車界頂點之一的環法公開賽拿下了優勝，這個成績讓Prologo在2008年大為成功。2010年更提供最新產品給天空專業車隊、快步車隊、布伊格電信車隊及愛三工業等車隊使用。在今年的表現也更上一層樓。

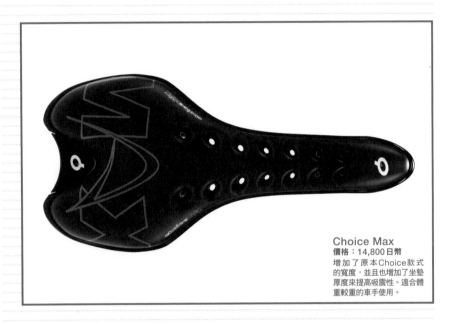

RUDY PROJECT

MAGSTER
價格：22,700日幣～
實現極致透氣性能的款式。
共有7種不同鏡架配色。

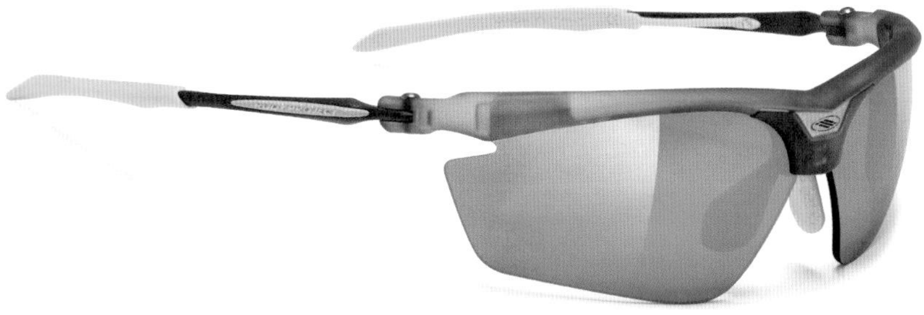

在運動界的成績中 第一步就是職業公路自行車賽的榮冠

與摩托車界有著密切深厚關係的Rudy Barbazza，在1985年時創立了RUDY PROJECT這個專業運動眼鏡品牌。其發源地在Venoto州的Treviso，是自行車盛行的地區。

RUDY PROJECT在世界上開始嶄露頭角並大放異彩，是在1986年。其契機在於當年使用其產品Argentin選手不只拿下了世界盃，更在職業自行車公路賽中拿下優勝。之後除了他以外，曾經使用過RUDY PROJECT產品的還包括有Induráin、Cipollini、Loche、Olano、Ullrich、Museeuw等眾多知名車手。

現今不僅限於自行車，其商品更跨足帆船、高爾夫、冬季運動等領域。特別是在Torino冬季奧運中留下了獲得45面獎牌的輝煌成績。為了確保使用者的安全性與高性能，採用了碳纖維、鎂合金、NXT等最新材質，獲得了眾多運動員的高度信賴。

RUDY PROJECT
Technically Cool

洽詢：城市綠洲　TEL.(03)557-5298 # 201
http://www.metroasis.com.tw/index.php

在設計、性能、材質各方面
絕不允許任何妥協

GENETYK

價格：20,900日幣～

使用單眼類型的鏡片來擴展視野，並可更換濾光鏡片的款式。共有7種不同鏡架配色。

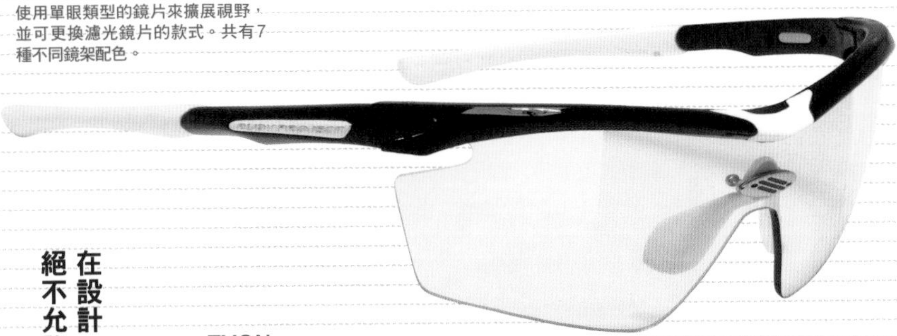

ZYON

價格：21,800日幣～

不只限於重型摩托車，考量到各種使用環境所製作的款式。設有側板結構來全面保護眼睛。

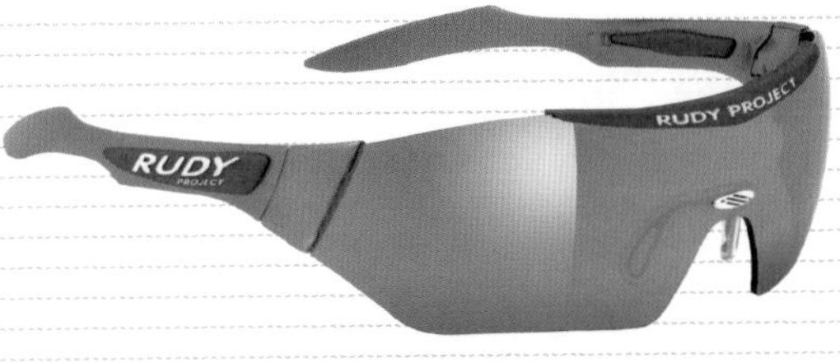

SPORTMASK PERFORMANCE

價格：21,800日幣～

為競技運動員為設計的鏡架，鏡架桿部份可控制空氣的流向。4種鏡架配色。

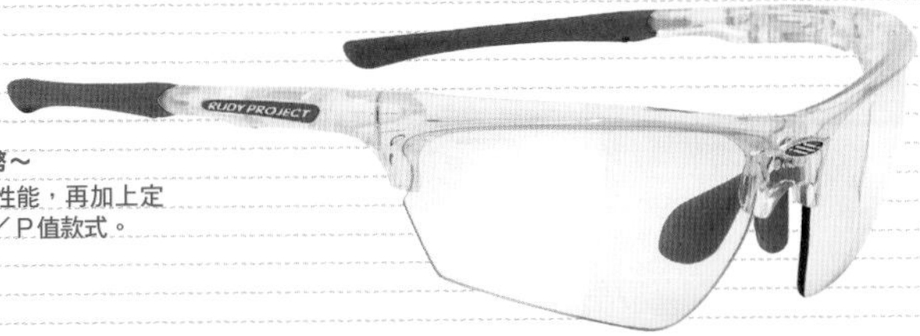

NOYZ

價格：19,800日幣～

擁有頂級款式的高性能，再加上定價平易近人的高C／P值款式。

SELLE san marco

Aspide Superleggera
競技車隊款
價格：45,800日幣
碳纖維成型的底盤，連座弓部份也是碳纖維材質。重量居然只有超輕量的106g ！

聞名世界的品牌
仍堅持品質不製作廉價版

以曾經成功推出像是ROLLS、CONCOR、REGAL等眾多傑作而聞名的SELLE san marco，早早誕生於1935年。是除了日本之外，也聞名於世界各國的品牌，但與競爭對手們相比，其商品線的規模並不算大。這是因為SELLE san marco堅持產品一定要維持高品質，而不願意推出低價款式。

2010年為特別紀念SELLE san marco創業75年，順勢推出了左頁3款坐墊的復刻款。並且更發表了保有Ragal系列細部的原創氛圍，同時將原本的塑膠材質底盤改良為碳纖維材質的Regal eFX。在包裝等設計上，來自服飾品牌DIESEL的設計師加入了SELLE san marco的團隊，也提供設計靈感，為品牌加入了都市的氣息。

採用多量碳纖維輕量款式的Aspide Cabon，以及昔日名作等豐富的商品線。可滿足從公路車車手乃至單速車車手等多樣需求。

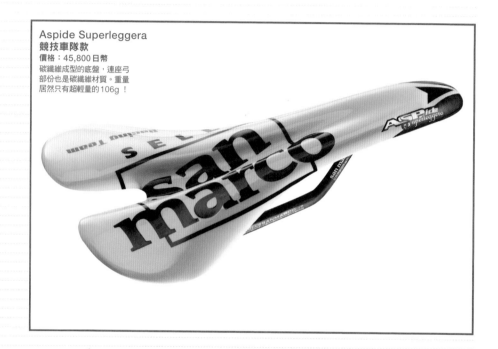

洽詢：昇陽　TEL.(06)270-5258　www.sycycles.com/home.asp

迎接創業75週年
其愛用者日漸增加

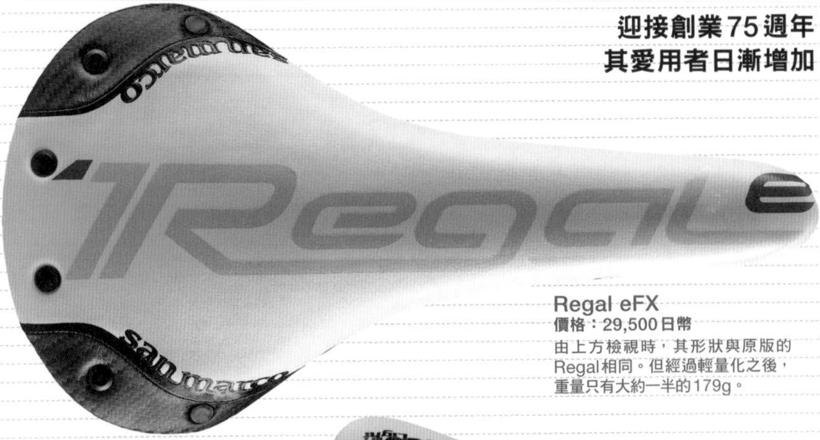

Regal eFX
價格：29,500日幣
由上方檢視時，其形狀與原版的Regal相同。但經過輕量化之後，重量只有大約一半的179g。

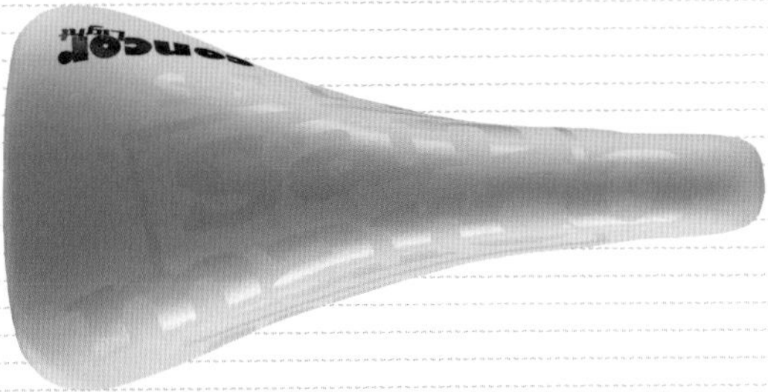

Concor light
價格：10,800日幣
阿姆斯壯選手所愛用的基本款式。整體外型較短，適合用於較小的車架尺寸。

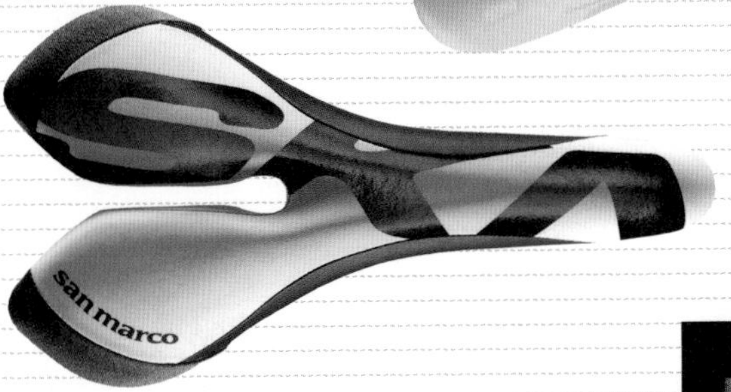

SKN
價格：10,500日幣
使用具有彈性的塑膠底盤，減少緩衝材質的使用量，同時實現了高度舒適性。

不只是坐墊，也推出全6色的車把帶(7,400日幣)。另有自行車用服飾與襪子等商品。

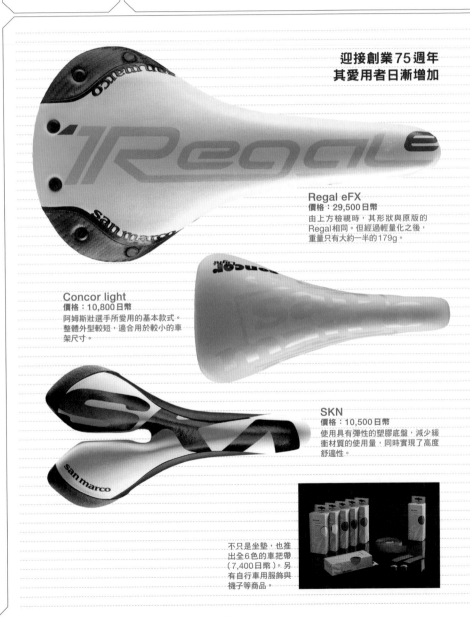

FACTORY
REPORT
9

右側是祖父所建立的建築物。現今仍當成辦公室使用中。

拜訪SELLE san marco總公司

SELLE sanmarco

傳承自祖父
守護著傳統的老牌坐墊品牌

不執著於擴大規模，堅守著溝通管道暢通的經營風格。
這就是3代相傳的名門家規。

PHOTO／Yazuka WADA　ORIGINAL／Takehiro KIKUCHI
TRANSLATION／Masateru YASUDA

在設計工作室前，排列著一整排舊款到最新碳纖維製的公路車。

想要滿足所有車手的使用需求

若是要在義大利進行自行車相關的採訪，雇用具有Veneto口音的翻譯，可使採訪進行更為順利。這是從前在短時間的行程內採訪數間廠牌時，某廠牌的董事長所告訴我們的。先不管這個說法是真是假，但可確信的是Veneto就是這樣一個聚集著眾多廠牌的地區。

話說回來，雖然一直提到Veneto州，但對於從未到過義大利的人來說，或許是一個鮮為人知的地區。但只要說是Venezia的某個地區，有許多人至少可以了解到它位於北義大利的西邊。本次將介紹的SELLE san marco，就位於為尼斯省威欽察（Vicenza）的Rossano Veneto。

在此時會先介紹這些地理知識，其實與SELLE san marco的品牌名稱由來有關。SELLE在義大利文中的意思是「坐墊」，san marco則是來自於昔日威欽察帝國的守護神san marco。

現任第3代董事長Luigi Girardi表示：「創辦公司的是我的祖父，他出身於名為Cassano的城鎮。據說該城鎮的守護神就是san marco。

我們並不是大規模的公司，雖然經過了改建，但至今仍活用著祖父所建立的辦公室。與其擴大公司的規模，小型而精簡的經營化策略，反而能使全體員工的溝通管道更為暢通，這才是我們最為重視的環節。」

彷彿像是小型個人經營工廠般的總公司內，被區分為辦公室與工廠，有著40名的員工。包含品質管理作業在內，女性員工眾多，其中Luigi的母親至今也在工作著。

「工廠內女性員工較多的原因，是因為相較於男性，女性員工更適合從事細膩的作業。由於我們大多是生產高級產品，連細部完成性都要求進行仔細地檢查。」

雖然稱不上是大規模的工廠，但所推出的由碳纖維輕量款式，至重視舒適性且使用較

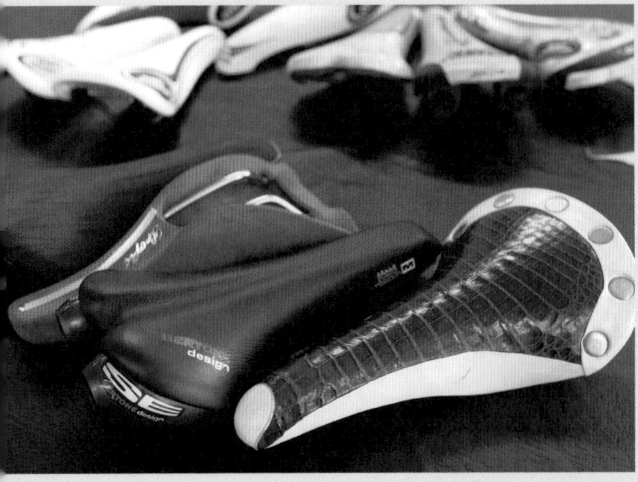

「透過小規模經營的方式
才能確保順暢的溝通管道」

1. 個性開朗Luigi董事長，是義大利自行車界的重要人物。2. 前方的是使用蜥蜴皮製成的Regal。中間則是Bertone所設計的SE。

順應騎士們的各種需求
這是身為頂尖品牌的使命

多緩衝材料的透氣款式等等，其商品構成不亞於其他坐墊大廠競爭對手。

「雖然我們生產許多的款式，但實際上熱賣商品並不多。以商業的觀點來看，可以說是毫無用處。但臀部疼痛這件事，是困擾著許多騎士的問題之一。就算製作出傑作等級的產品，但仍舊無法滿足所有騎士們的使用需求。

每個人的體重有重有輕。此外像是臀部大小、騎乘距離、騎乘技巧也各有不同。若像是計時賽這種特殊用途，比起舒適性，有時反而輕量性更為重要。順應車手們各式各樣的需求，這就是身為一個頂尖品牌所必須肩負起的使命。」

Paolo Bettini與Alessandro Petacchi選手所愛用的「Regal」，或是Lance Armstrong選手愛用的「Concor light」等，許多SELLE san marco的坐墊款式，都是長年人氣不減的熱賣商品。

「我們所推出的基本款持續受到職業車手愛用，這是令

人值得高興的一件事。但為了追求革新而持續不斷地進行商品開發，這是十分重要的一項工作。為了能改善因血液循環不良引起的臀部疼痛，在中央部份設置凹槽、計算有效乘坐面積等等，我們也與Ferrara大學一同進行各式各樣的研究。再者，若基本款商品有需要加以改良之處，我們也會一直進行改善。雖然乍見下沒有任何的改變，但藉由改變坐墊的表面材質等，將心力投注在研究開發上。」

SELLE san marco的確有許多被視為另類的製品，像是以太陽能電池來發電的煞車燈「Stop」、委託知名汽車品牌Carrozzeria、Bertone所設計的「SE」等等，就算是現在已停產的商品，其中也有許多令人耳目一新的創意。

並且，今年將焦點集中在昔日名作上。順應車迷們想要將Rolls、Concor等80年代的名作重新推出的要求，從騎乘單速車的年輕人到瘋狂粉絲，SELLE san marco都能滿足所有騎士們的要求。

就連在拍攝團體照時，也總是充滿著義式幽默。

將焦點集中在昔日名作上
順應車手們的所有需求

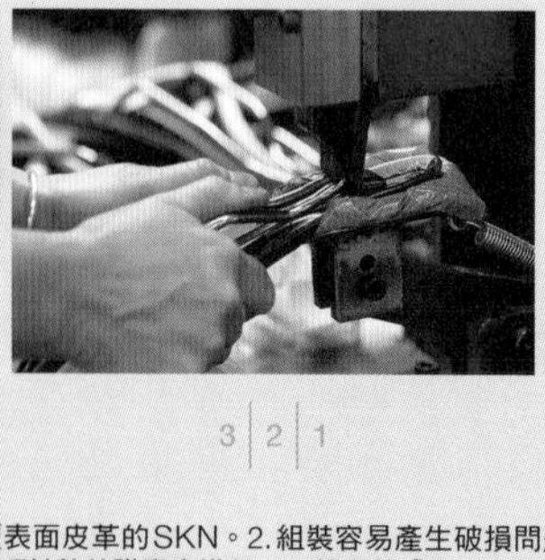

3 | 2 | 1

1. 尚未包覆表面皮革的SKN。2. 組裝容易產生破損問題的鋼線部份，是由技巧純熟的職專家進行。3. 輕量款「Caymano」模具。

saB

洽詢：岩井商會　TEL.0748-37-5656　http://www.iwaishokai.co.jp/

LAMPEDUSA Team Machine
價格：500,000日幣（成車）
採用BB30與上下異徑頭管等構造，融入現今主流設計風格的碳纖維一體成型公路車。

座落於羅馬主教城下
並繼承了偉大父親的血統

saB於1990年所創立，算是較新的品牌。以製作競技用自行車為目的，創立於San Marino地區。創辦人Mario Vicini的父親Mario（同名），曾經獲得1940年的義大利自行車賽冠軍，並3度於環義自行車賽，以及2度於環法自行車賽拿下前10名的佳績，是擁有輝煌戰績的人物，這同時也證明著saB的優良自行車血統。雖然跨足日本市場的時間尚淺、知名度還不高，但有著對於自行車賽事的極度熱情，以及眾多知名車手的騎乘經歷。2005年成為Naturino・Sapori・Mare車隊的贊助品牌，並提供器材給Francesco Casagrande、Gabriele Colombo、Sergio Barbero等在日本極具盛名的車手所使用。另外，現任義大利天然氣車隊的Murilo Fischer在過去也曾騎乘過saB的參賽車。

Logo　Brand

santini

洽詢：禾宏　TEL.(04)2381-2076　http://www.hehong.com.tw/

PHOTO：Hidehiro TANAKA

卡秋莎車隊車衣
價格：10,395日幣
2010年卡秋莎車隊的車衣。義大利冠軍車手Pozzato也是該車隊的一員。

悠久歷史所造就的
信賴與成績
換來的是舒適的騎乘時光

santini是現任董事長Pietro Santini於１９６５年創立的品牌。早期曾經是毛線製品公司，但從１９６８年起便開始投入於自行車服飾的製造。從１９７０年開始為職業車隊提供贊助，同時在80年代也積極地開發萊卡與防風材質，以創造高性能的車衣為目標。之後仍不斷與眾多主流車隊合作，從１９９３年開始負責製作環義自行車賽各獎項得主的車衣，其合作關係至今仍持續著。

現在除了環義自行車賽的車衣外，也供應車衣給職業、業餘車隊以及國家車隊。在許多知名車手照片中可看到的「SMS」標誌，所代表的是「Santini Maglificio Sportivo」的頭文字縮寫。也因為在眾多冠軍車手的照片中，都可看到這個標誌，證明了santini贏得了勝利榮光的理由，是來自於他們認同santini對於品質的追求。

SCAPiN

洽詢：浩里奧 TEL.(04)2407-2668 http://www.helioser.url.tw/

SPECIAL
價格：257,250日幣（車架）
以細緻的前叉與車架組合而成的鋼管車架，外型十分美麗。

在繼承古老傳統的同時 也挑戰融合最新科技

在1957年，曾經是個優秀職業車手的Umberto Scapin，創立了SCAPiN品牌，至今已成為了經營半世紀以上歷史的老字號。之後將事業傳承給兒子Stefano的手上，開始了國際化經營，在1998年所推出的Rudolf車款，更獲得了義大利重要設計獎「Compasso d'Oro」的殊榮。從1990年代後期開始為競技自行車隊提供贊助，在鋼管車架的主流已成過往雲煙的同時，SCAPiN也終止了與職業車隊的合作。但最後贊助的Ballan車隊中，年輕時的Gilberto Simoni就是以SCAPiN的座騎，征戰各自行車賽。

雖然也有採用碳纖維與鋁合金等主流的材質，但SCAPiN仍堅持整體生產量的一半為鋼管自行車。同時，嘗試組合碳纖維與鋼管材質等，挑戰新舊融合的姿態相當具有特色。

Logo ▌ Brand ▌

SELCOF

洽詢：InterMax TEL.055-252-7333 http://www.intermax.co.jp/
深谷產業 TEL.052-321-6571 http://www.fukaya-sangyo.co.jp/

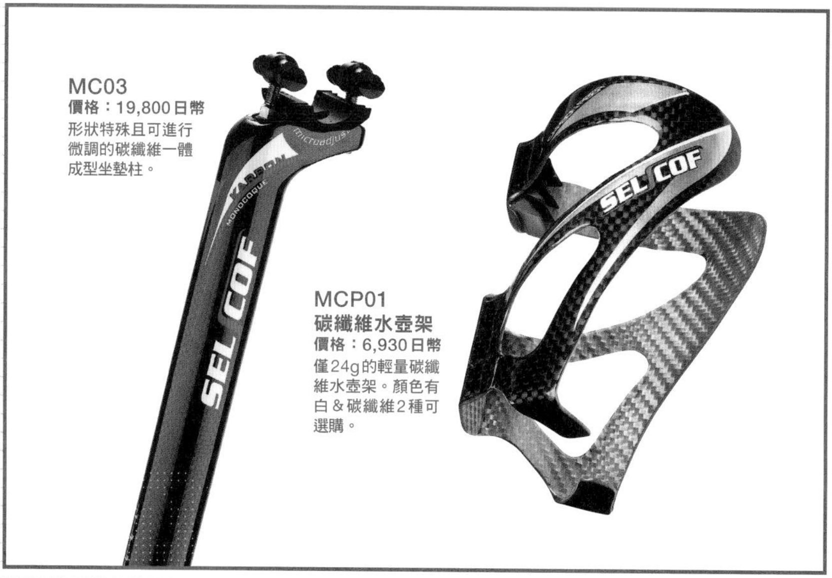

MC03
價格：19,800日幣
形狀特殊且可進行微調的碳纖維一體成型坐墊柱。

MCP01
碳纖維水壺架
價格：6,930日幣
僅24g的輕量碳纖維水壺架。顏色有白＆碳纖維2種可選購。

以極快的速度將高性能與流行融入在日常生活中

SELCOF於１９４０年代設立。當初曾是製作摩托車與自行車坐墊等零件的廠牌，但從１９８６年開始擴建廠房規模，開始了其製作零件的事業。對於日本的車手們來說，一提到SELCOF所想到的是坐墊柱，但製造鋁合金製的坐墊柱其實是初次的嘗試。SELCOF＝坐墊柱的強烈印象，其原因在於SELCOF曾為某義大利著名品牌進行坐墊柱的OEM生產，以及過去曾推出當時只有Vitus的Ruby才有的「可調整式坐墊柱」等。

透過與許多頂尖職業車隊的贊助合作，SELCOF的版圖事業也獲得快速的成長。並且積極地採用以白碳纖維為首的各種最新材質等，這對於SELCOF的品牌躍進也發揮了一臂之力。現在其零件事業已經大規模擴展至全世界，並持續推出輪組、坐墊、把手等多元化的製品。

SCiCON

洽詢：InterMax　TEL.055-252-7333　http://www.intermax.co.jp/

BIG CATCHER
價格：4,200日幣
可收納內胎與隨車工具，
也可裝上打氣筒。

義大利獨特的家族經營品牌
充滿魅力的製品具高人氣

以只需旋轉即可簡單進行拆裝的坐墊袋，而獲得廣大知名度的SCiCON。雖然只是義大利常見的家族經營小型品牌，但仍以其充滿魅力的製品，在歐洲及日本市獲得了極大的市佔率。

由Luciano Fantin在1980年創立至今，在2010年正好屆滿30週年。其在1981年推出的兼具肩部護墊作用的MTB用車袋大受好評，而使得SCiCON逐漸盛名遠播。

此外，SCiCON的另一項代表性製品就是攜車袋。為了可以牢固地固定自行車，而開發出將固定架安裝於攜車袋內部的世界首創性製品。這個革新性的產品吸引了職業車隊的注意，以義大利國家代表隊為首，許多職業車手在遠征時都會使用此攜車袋。

圖中的BIG CATCHER是可裝上打氣筒的長銷型基本款商品。

3 A B C D E F G H I J K L M N O P Q R S T U V W X Y Z

坐墊袋採用代表 SCiCON 的旋轉快拆系統。

拜訪 SCiCON 總公司

SCICON

其高度使用性令人耳目一新
以嶄新的坐墊 & 攜車袋備受矚目

由 30 年前採購了 5 台縫紉機開始，
正式成為配件品牌的領導公司。

PHOTO／Yazauka WADA　ORIGINAL／Takehiro KIKUCHI
TRANSLATION／Masateru YASUDA

1. 至今仍在總工廠內進行訂製商品的生產。2. 從父親手中接下公司的第 2 代董事長 Massimo Fantin。3. 位於工業區一角的辦公室兼總工廠。

迎接創業30年
並將其發揚光大

SCiCON 的大本營位於 Romano 工業區的一角。工廠位於1樓，建築外觀相當時髦，2樓部份則是辦公室。主要生產據點另有他處，總工廠負責製作提供給職業車隊的訂製款式。

Massimo 董事長表示：「原本我們替 SELLE san marco 製作坐墊袋，並且在創業當時也有生產滑雪相關製品，所以用滑雪（SCI）與 SELLE san marco 的代表作 Concor，組成了 SCiCON 的品牌名稱。」

現在 scicon 則是專門生產自行車用品，主力是可簡單拆裝的坐墊袋。一開始在1990年發表了滑入式款式，在1996年將其改良為旋轉式的 Roller 1，從2009年開始更升級為升級為 Roller 2的新版本。另外也推出了採用了全新圖案的魔術帶固定款 Elan 210等，積極地投入生產並且進行新產品研發。

SELLE BASSANO

洽詢：城東輪業社　TEL.06-6974-0222　http://www.joto-jp.com/

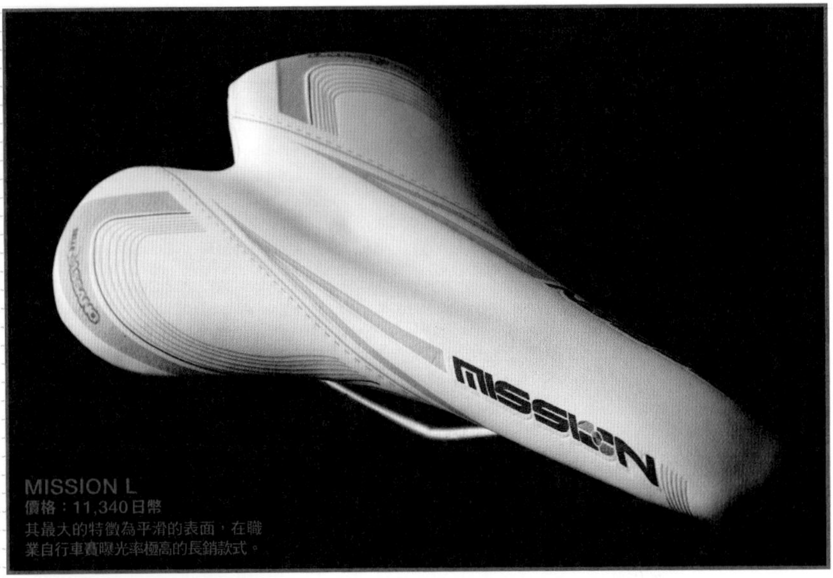

MISSION L
價格：11,340日幣
其最大的特徵為平滑的表面，在職業自行車賽曝光率極高的長銷款式。

為求強度與輕量化的碳纖維底盤，座弓採用VANOX。

與自行車強隊的合作誕生出來的理念是對於騎士們的「慰藉」

SELLE BASSANO有著輝煌歷史，在15年前曾推出細長型坐墊「VUELTA」，使用它的車手們在自行車賽事中留下了極佳的成績。包括曾拿下環義優勝以及刷新世界紀錄的Lominger選手，以及環義冠軍的Tonkov與Savoldelli等人。在2000年，曾拿下雪梨奧運MTB金牌的Martinez選手，也曾使用過SELLE BASSANO的坐墊。這些選手與當時號稱最強的Mapei車隊都有所關連，這也是相當令人感興趣的部份。從1985年創立以來，從設計到材質、製造皆由自家來進行一貫化作業，自始自終堅持著Made In Italy。

VUELTA是競技用坐墊款式，雖然依車手個人的喜好不同，對它的評價有著極大的差異，但近年來改善了人體脆弱部位所容易產生的不適感等，在製作時也考量到如何減少對於車手健康的不良影響。

Logo

Brand

Selev

洽詢：新豪億科技 TEL.(04)751-1929 http://www.hy-bike.com/profile.php

XP ITA
價格：23,415日幣
有著優異透氣效果的輕量款安全帽。

號稱沒有不適合的頭型 適合東方人使用

在2010年的賽季中，包括歐洲的DE ROSA與Androni Giocattoli車隊的選手們，所使用的就是Selev的安全帽。設立於1975年，以安全帽品牌來說，其悠久歷史不禁令人感到意外。當時的自行車界並沒有配戴安全帽的習慣，從只使用皮製頭罩的時代開始，就已經存在著Selev這個品牌。近年使用Selev安全帽的活躍選手 有McGee、Garzeli、Petacchi、Di Luca等等不勝枚舉，證明Selev的高品質。

與其頂尖職業車手御用的品牌形象相比，一般人所注重的是「要找到頭型不合的人還比較困難」的評價，以可服貼東方人頭型的設計聞名。另外獨特設計風格，讓人感覺到義大利品牌的精巧做工。

製造則是在義大利國內進行一貫化作業。由此也可窺見Selev對於自家品質與技術的自信程度。

selle italia

洽詢：歌美斯　TEL.(06)205-5300　http://www.colmax.com.tw/index.html

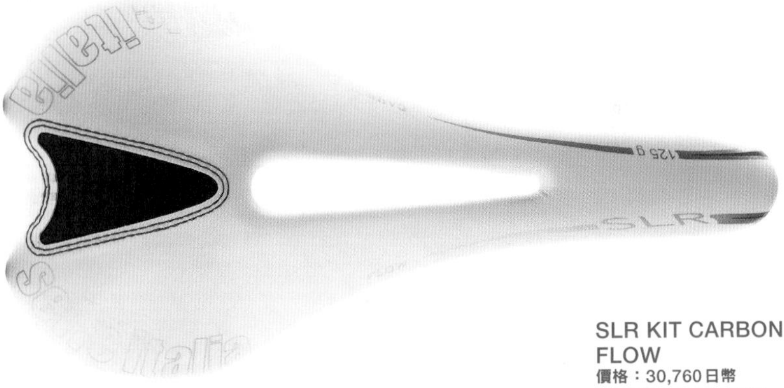

SLR KIT CARBON FLOW
價格：30,760日幣
擁有輕量化並以其出眾的舒適性所自豪的SLR系列。重量只有125g。

PHOTO：Hidehiro TANAKA

追求坐墊舒適性所衍生而出的 2大競技用坐墊品牌之一

selle italia是與SELLE san marco並駕齊驅的2大競技用坐墊品牌之一。雖然其公路車用坐墊的品牌形象較為強烈，但在MTB界中也有著極高的市佔率，有著琳瑯滿目的商品線。不僅提供車隊各類器材，也熱心參與職業自行車賽，以贊助商的身份來提供車隊後援而聞名。

由於是從原本兄弟經營的Selle Royal所分家出來的品牌。但歷史不如本家般悠久。在自從推出暢銷款式「TURBO」後便急速成長。現在一年可生產2千萬個坐墊，並輸出到95個不同國家。

selle italia在1984年時推出了以GEL來做為緩衝材質的「BIO TURBO」，而造就了現今追求坐墊舒適性能的風潮，也持續發表「FLITE」等劃時代的坐墊而聞名於世。最新推出的專用坐墊柱，則是加入了可簡單調整坐墊的設計。

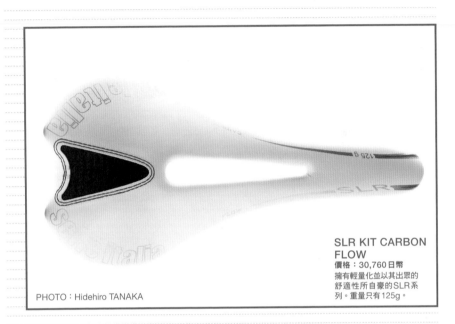

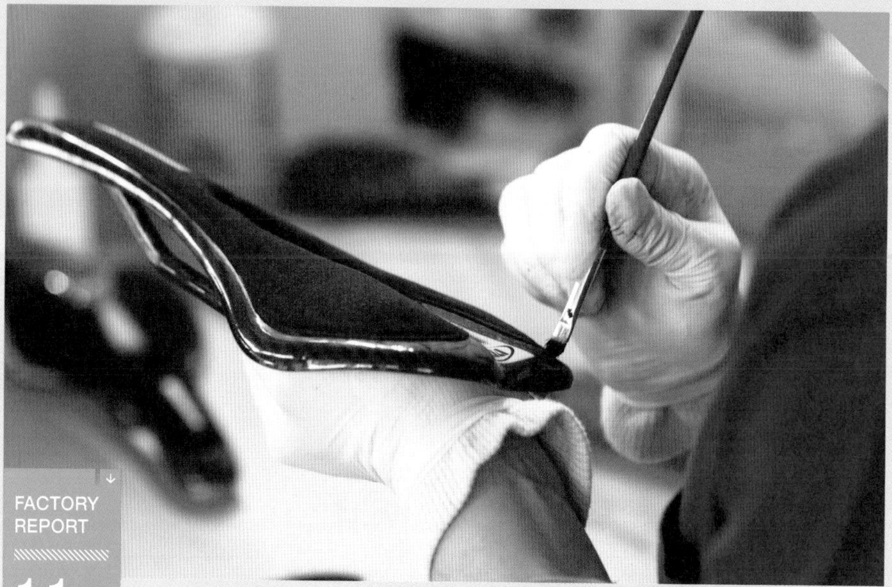

FACTORY REPORT 11

一個個仔細地進行塗裝。這樣的作業一年要重覆200萬次，不愧是世界數一數二的坐墊品牌。

拜訪selle ITALIA總公司

selle ITALIA

年間生產量2,000,000個！世界第一的坐墊品牌

做為全世界車手後盾的，
是員工們的午餐時間。

PHOTO／Yazuka WADA　ORIGINAL／Takehiro KIKUCHI
TRANSLATION／Masateru YASUDA

1.備有用來切割不同款式的坐墊表面皮革之模具。2.設計師有10人。由左而右分別是Elisa、Tiziano、Marta。3.設立於廣大廠區中的總公司，建築物看起來相對渺小。

以市佔率65％所自豪的坐墊界王者

「各位在中午前來採訪實在太好了。」公關負責人Ingrid以滿臉笑容迎接我們。

其理由就在於，若是午餐時間後的下午才來，員工們已經略顯疲態了。因為在這裡會將研發中的原型款式交由員工們評斷，在吃午餐的同時找出需改善之處。雖然selle italia是單日產量9500個、全年產量200萬個的坐墊生產大廠，但無關規格高低，令人感覺充滿了車手氣息，可說是典型的義大利工廠。此工廠中的特徵，就在於其大規模的品質管理部門。

「只要出現了一個不良品，就有可能衍生成發生事故的嚴重問題。由於我們是市場領導者，發生這種狀況時就可能會失去極大的信用。所以對於品質管理是越嚴謹越好。」

由前身的Selle Royal創立至今，已過了113個年頭。不斷反覆嚴格的測試，讓selle italia成長為全世界市佔率65％的第一品牌。

SELLE SMP

洽詢：TRISPORTS　TEL.078-846-5846　http://www.trisports.jp/
Mizutani自行車　TEL.03-3840-2151　http://www.mizutanibike.co.jp/

Full Carbon
價格：78,750日幣
連座弓部份也全部使用碳纖維材質的坐墊，超輕量的105g。

充滿個性的設計
讓騎士們的損傷減少至極限

第一次接觸到此品牌坐墊的人，大多都會懷疑自己的眼睛。因為其推翻眾人常識的大幅度彎曲形狀，並且前端部份大幅度向下的獨特形狀，跟其他廠牌相比相當特別，具有獨特的個性。在當時推出的型錄上，就刊載了競技車隊使用此坐墊的照片，來強調它是以競技導向所設計出來的款式。由於獲得了許多使用過坐墊的車手高度評價，在大家口耳相傳之下，用來做為一般用途的使用者反而增加，與其行銷策略背道而馳。在開始販售當時，儘管採用的是與現在不同的無緩衝款式，但仍舊獲得了極高口碑，這也算是象徵這個品牌的小插曲之一。

雖然是6年前才開始在日本販售的新品牌，但SELLE SMP創立於1947年，其實是深具歷史的品牌。目前只知道在創立當時，製作的是大眾自行車用的坐墊，其歷史相當神秘。

SIDI

ERGO 2 CARBON LITE VERNICE
價格：43,050日幣
將鞋底加以輕量化的2010年款式，附有可調整腳跟墊的功能。

全世界車鞋品牌
不斷追隨的存在

SIDI是來自於Veneto州Maser的知名品牌，沿著腳指甲曲線來柔軟包覆腳部的設計，可防止踩踏力道流失的鞋底設計。總是訂定出競技車鞋所需的標準，而持續不斷推出新製品。

由昔日車手Signori Dino創立的個人品牌，至今已過了50年。身為自行車與摩托車賽事專用鞋的頂尖品牌，而蓬勃發展至今，成為無人不知無人不曉的存在。SIDI也曾發表過許許多多革新性的製品，其中又以在鞋底加上鉚釘固定、可動式的卡式踏板最具劃時代性，其偉大功績讓全世界的其他車鞋品牌一直追隨著SIDI的腳步。

最新款式的ERGO 2 CARBON LITE，在鞋身部份採用了具有光澤感的高級材質VERNICE，鞋底部份則是使用輕量型的碳纖維LITE材質。還有可用螺絲起子來調整腳跟墊固定力道的高機能鞋款。另外推出具特別配色的50週年限定款。

洽詢：單車喜客　TEL.(02)2725-2641　http://www.biker.com.tw/

LASER
價格：34,335日幣
具有光澤的鞋身材質引人注目，採用碳纖維鞋底的競技用鞋款。

其品質與性能可滿足競技車鞋的所有需求

GENIUS 5 PRO
價格：23,625日幣
以LORICA合成皮革來提高穩定性與耐用度的基本款商品。

T2 CARBON COMPOSITE
價格：21,525日幣
具有高透氣性的透氣孔為其特徵，高性能的計時賽專用車鞋。

推出了眾多革新性製品的工廠。可隱約看到其50年的歷史。
Photo：Hitoshi OMAE

FACTORY
REPORT
12

從總公司正面可看到的，是重現Dolomiti群山的屋頂，造型相當具有特色。

拜訪SIDI總公司

SIDI

不斷地革新的車鞋頂尖品牌

可動式卡式踏板、魔鬼粘鞋帶等等，
近代車鞋的基礎皆來自於SIDI。

PHOTO／Yazuka WADA　ORIGINAL／Takehiro KIKUCHI
TRANSLATION／Masateru YASUDA

每位車手都有專用的木模採樣，是頂尖技術的證明。

順應全世界的需求 速戰速決是首要策略

以蒸餾酒聞名於世的Bassano del Grappa地區，向東延伸的SS248號線，沿路有許多有名的運動鞋品牌，對於登山愛好者、摩托車手與自行車騎士們來說，是令人雀躍不已的一條路，可說是運動愛好者的一大聖地。

這個地區位於歷屆環義自行車賽中，展開激烈決鬥的Dolomiti山脈的山腳下，昔日因為有著許多林業相關人員在此討生活，所以製鞋業大為興盛，其歷史可追溯到中世紀。20世紀以後受到登山活動盛行的影響，而開始製作登山鞋。在戰時則因應緊急的需求，因而開始投入製作軍用鞋等等，Montebelluna與Asolo地區的歷史，就等於是義大利製鞋業的歷史，這種說法絕對不會誇大。在距離Asolo城鎮不遠處，自行車用車鞋的頂尖品牌SIDI的總工廠，就座落於此。

上午9點。當我們正在與公關負責人打招呼時，恰巧遇

排列著許多一流機車騎士的腳型木模。

到Signori Dino董事長。在完成工廠的拍攝作業後，提出了希望能採訪董事長的要求，結果他輕描淡寫地微笑著說「我想要趕快拔掉正在痛的牙齒。所以我們馬上開始吧！」雖然看似輕鬆的言語，這就是所謂的速戰速決。不管是哪個國家，身為決策者都要做出當機立斷的決定。首先詢問他有關創業當時的情況。

「從學校畢業後，在自家附近一間叫做DIBA的製鞋廠

Signori董事長。品牌名就是來自於他的姓名縮寫。

「工作就和運動一樣
一定要樂在其中」

不斷地反覆挑戰＆失敗才能接近成功的機會

中，學習製作登山靴與雪靴。由於我出身於農家，生活拮据，為了賺取家用及生活費，所以白天就待在製鞋廠，工作結束之後馬上又到另外一間工廠工作。

當時我也加入了當地的車隊，也曾參加公路自行車賽，我的成績不錯，還蠻厲害的喔！由於一整天都在工作，也曾被問說「你都在什麼時候練習？」其實我都是利用半夜的時間練習。在1956年，我得到了優異成績，而創造了成為職業車手的機會。但車手的收入往往不穩定，當時陷入了兩難。」

放棄成為職業車手的Signori，最終還是離開了自行車賽。在他25歲時的前一年的1970年獨立，在畜牧小屋的一角開始生產雪靴。在1969年時著手生產越野機車賽用靴，而順利將事業導向了成功之路。但是，由於太專注於工作，缺乏運動因體重過重而弄壞了身體。但這件事對於自行車用車鞋來說，卻是另一個新契機。

在總公司內有著100位員工，絕大部份都是專業製鞋師傅。

「當時由於體重重達96 kg，醫生叫我要多運動，在相隔了17年之後，又再次跨上了對於膝蓋負擔較輕的自行車。好久沒有這麼舒服騎著自行車了，但騎了一段路之後，膝蓋就感覺到些微的不適。該如何來解決這個問題呢？在騎車的同時，我一邊思考著這個問題。也許大多數人會遇到同樣的狀況，回到家後就把當時的想法畫成設計圖。」

即使是再細微的要求 也能完全地對應

2 | 1
3

1.縫合底板與鞋身的作業，需要熟練的技術。2.小型的試作品。不時地進行細部的改良。3.製鞋之重點在於木模。量產商品則是使用2種不同的塑膠製模具。

因為當時車鞋的卡式踏板是用釘子來固定，一旦固定後就很難進行調整，十分不方便。所以Signori想出了可動式卡式踏板的方案。之後馬上申請專利，隔年便推出了競技用車鞋。推出後馬上被當時的年輕明星車手Francesco Moser所使用，引發極大的話題。

「我不知道他是怎麼拿到我的鞋子，但他確實穿著我製作的車鞋。在這樣的機緣下，從隔年開始，多到難以致信的廠牌，開始採用我發明的可交換式系統。這是一大成功。」

還推出了世界上第一雙不使用鞋帶，而是以魔鬼粘固定的「Evolution」鞋款，為一大嶄新設計，將許多全新概念加以實現。Signori在推出創新製品的同時，也有著重視傳統的一面。

「我認為自己是相當重視傳統的類型，但世界的潮流瞬息萬變，必須要不停應變。所以我只把眼前的事做好，不預測未來，只要是騎士的需求與問題，就必須要隨機應變的方式來對應。以可應付細微的需求所自豪。

SIDI的品牌標誌是來自於龍捲風的靈感，也包含著與許多事物有所關連，且行蹤不明的涵意。曾被朋友笑說『這指的根本就是你嘛。』」

現在摩托車再加上自行車用車鞋的生產量為40萬雙。在自行車界中具有壓倒性的生產量。但與昔日相比，卻因為受到其他廠牌所大量生產的商品而日漸減產，也直接影響到SIDI的產量。

「中國製的低價品與大廠牌加入戰局，使得生產量減少。雖然將一部份的生產線移到了羅馬尼亞，但仍未放棄自家工廠生產的堅持，透過自家生產的方式，也能即時掌握客戶的需求。」

以高階製品為首的許多製品，是在一樓的總工廠中所生產的。導入了最新設備的工廠充滿了活力，柔軟的鞋身與帶有適中硬度的底板，透過職人的雙手與細膩的技術將兩者合而為一。在工廠的一隅，除了以Ivan Basso為首的現役車手外，還保留著Miguel Induráin、Paolo Bettini、Julien Absalon等歷屆冠軍的腳型木模。

今年是SIDI創立50週年。雖然Signori本人已漸漸淡出產品開發團隊的領導，但昔日的設計點子，仍被活用於商品製作上。

「因為我所想出來的設計，因為時機尚未成熟而常常導致失敗，所以要不斷地從失敗中加以摸索。」

熱愛自行車的工作狂所製作出來的車鞋，在在顯現出SIDI的神秘魅力。

像是包覆著黃色的木模般，逐一地完成了車鞋的製作。

與負責公關的女兒和負責行銷的兒子一起工作。

SILCA

實質剛健的風格
就是安心與信賴的不變保證

SILCA創立於1917年，是擁有90年以上歷史的自行車配件品牌之一。

SILCA的商品相當豐富，包括車把帶、握把到車衣等多元化的商品，但是SILCA的系列商品中，最受到自行車老手的支持，就是具有代表性的打氣筒。直立式打氣筒的「superpista」與攜帶式打氣筒等，可說是象徵自行車大國義大利的配件。

在家中可使用本體為金屬製的打氣筒，來補充輪胎的空氣，攜帶用類型則是從以前就採用塑膠材質，來提升其攜帶便利性。

若用簡單的一句話來形容SILCA製品的共通性，那就是「順暢的打氣感」。

SILCA的堅持，取決於產品的形狀與性能。在進行打氣時，配合手臂的伸縮長度，並結合了穩固的氣嘴固定夾等精心設計，獲得了許多使用者的認同與高度信賴。加上貼心的防漏氣裝置，商品設計性可說是天衣無縫。

SILCA

洽詢：浩里奧　TEL.(04)2407-2668　http://www.helioser.url.tw/

基本款才有的細部改良與豐富的選擇性
是安心與便利性的後盾

SUPER PISTA LOCK 附氣頭
價格：6,900日幣～
延續其一貫的實質剛健風格，家用直立式打氣筒基本款。反覆進行細部改良，其使用便利性出眾。

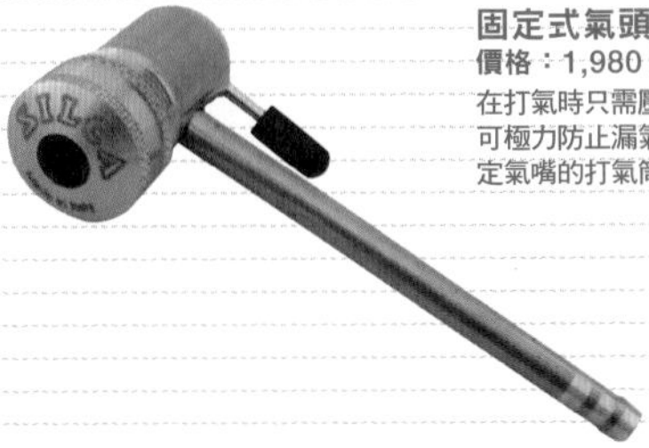

固定式氣頭
價格：1,980日幣～
在打氣時只需壓下金屬桿就可極力防止漏氣，可加以固定氣嘴的打氣筒氣頭。

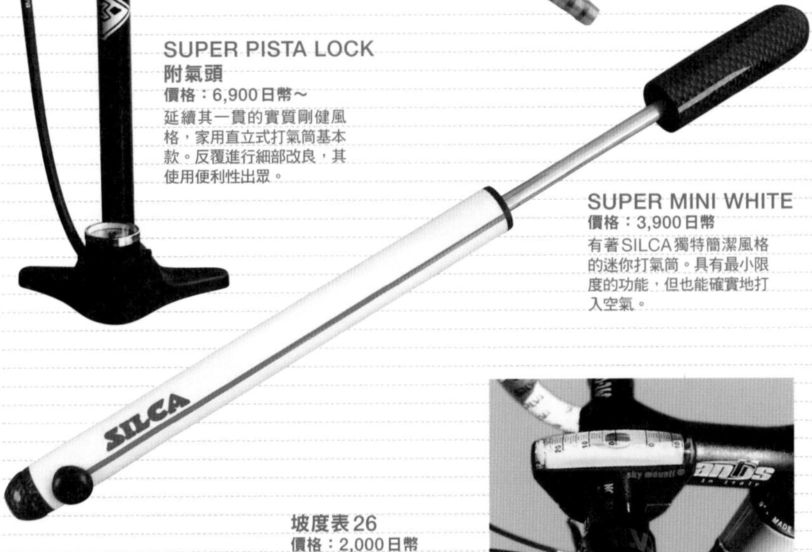

SUPER MINI WHITE
價格：3,900日幣
有著SILCA獨特簡潔風格的迷你打氣筒。具有最小限度的功能，但也能確實地打入空氣。

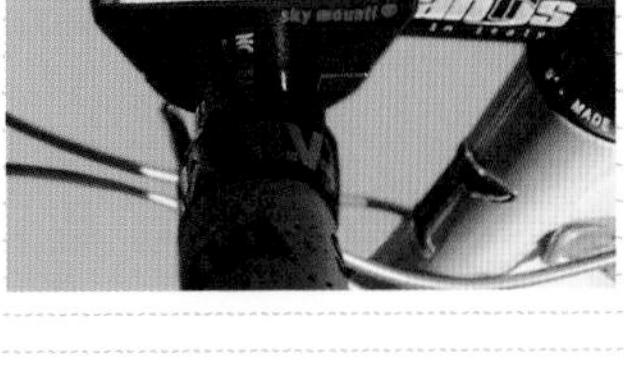

坡度表26
價格：2,000日幣
在騎乘中可測量坡道傾斜度的簡單構造，用肉眼就可進行確認的最佳坡度表。

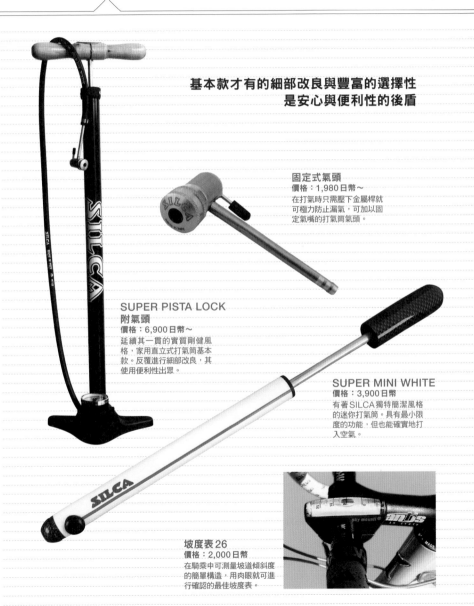

Logo

Brand

SILVA

洽詢：InterMax TEL.055-252-7333 http://www.intermax.co.jp/

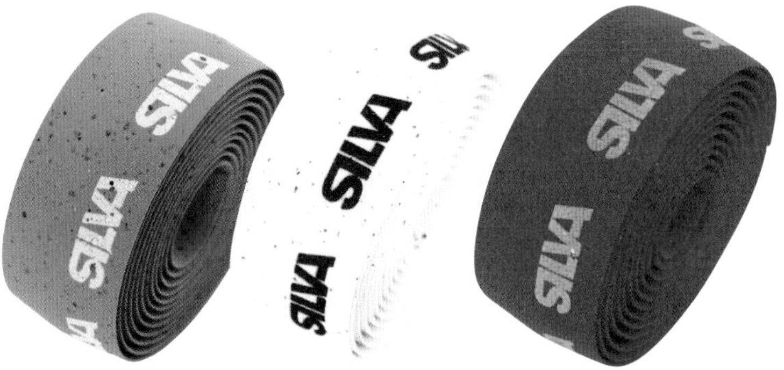

單色車把帶
價格：1,500日幣
可在一瞬間改變自行車印象的色彩配件。

不斷調合著各色風格的義大利風車把帶

一提到SILVA，是車把帶色彩搭配的王者，同時也具有各類車把帶的豐富色彩選擇性所自豪，是為人熟知的職業車隊御用品牌。

從1990年開始擴展領域，將商品加以多樣化，在自行車玩家之間是無人不知無人不曉。特別是活用軟木等各種不同材質的配色，提升了產品多元化，稱得上是代表設計大國義大利的象徵。

除了車把帶之外的產品線，也有生產將線材安裝於車架上的固定環等小配件，提供給車架廠牌使用，具備車架組裝相關品牌之身份。不只在義大利國內，也以其豐富性及細膩度聞名於世。此外也推出在組裝車架時，所需用到的專業組裝工具，獲得不錯的評價。SILVA也投入於螺絲相關工具的生產，企圖打造全新的路線，跟其他自行車工具廠牌相比，其風格極為罕見，不愧是頂尖品牌。

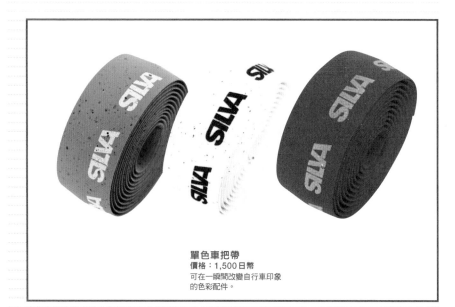

SOMEC

SOMEC

洽詢：岩井商會　TEL.0748-37-5656　http://www.iwaishokai.co.jp/

ATOM
價格：222,600日幣（成車）
採用鋁合金車架材質的入門款，搭載SHIMANO・105成車。

不拘泥傳統並採用先進技術
將真材實料的產品推廣至全世界

在義大利Lomagna地區的小城鎮中，製造著優異客製公路自行車的SOMEC，其品牌名稱來自於義大利文中「技師的社會」之縮寫，代表其所潛藏的高度技術。

在創立當時，創辦人Oliviero Gallegati為了能即時因應當地車手的需求，開始製作並販售車架。但真正嶄露頭角的是在國際自行車展中，國外的車架組裝相關士們被SOMEC車架的高度技術力所吸引，現今已發展為國際化的車架品牌。

創業至今已過了30幾年，雖然稱不上擁有悠久的歷史，但在SOMEC的製品中投注了許多先進的自行車科技。車架使用碳纖維、鋼材、鋁合金等多元化的材質，採用一體成型坐墊柱等，雖然其生產規模不大，但不拘泥傳統，重視真材實料，秉持認真的態度所精雕細琢出來的產品，獲得了良好的評價。

sportful

洽詢：萊鴻企業 TEL.(04)725-0629 http://www.likehome.com.tw/

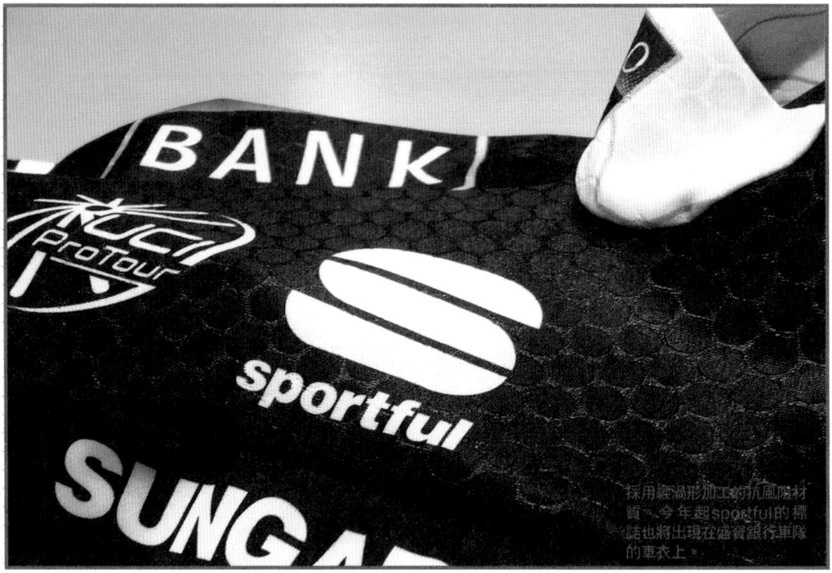

採用經渦形加工的抗風阻材質，今年起sportful的標誌也將出現在盛寶銀行車隊的車衣上。

融合了沉穩的義大利設計與令頂尖車手滿意的機能

sportful創業於1972年。不只是競技自行車用的服飾，也製造山岳滑雪與越野滑雪用的競賽用服飾，是義大利的綜合運動服飾品牌。當初只有製作並販賣滑雪用服飾，但為了順應自行車愛好者的需求，自1985年起開始跨足到自行車界中。也生產高機能性的內衣，其商品線涵蓋了許多戶外運動領域。

在2002年成為義大利國家代表隊的服飾贊助商，其沉穩的設計與高機能性是有所保證的，其商品含有排汗透氣的材質、鬆緊收納帶、交叉縫線等優異設計。除了這些之外，sportful設計風格及豐富的商品構成，也廣受一般使用者所喜愛，同時在世界頂尖的自行車賽事中所培養出來的技術，也維持一貫的原則將之應用於一般產品之中。這可說是sportful信奉的哲學「Perfect Products」（完美的產品）之表徵。

STELLA
AZZURRA

STELLA AZZURRA

洽詢：Euroimport　TEL.0436-43-0725　http://www.euroimport.sakura.ne.jp/

CALIBRO 50
價格：269,800日幣（一組）
材質使用TORAY 700 3K High Modulus Carbon。一組重量為1456g

曾在環法公開賽中登場
製造輕量高強度產品的藍星

從1973年開始在義大利米蘭的北布里安薩地區，製造高品質零件的新銳零件製造商。STELLA AZZURRA，品牌名的意思為「藍星」。商標圖案就像品牌名所表示地一樣，在圓圈的中央有一顆大型藍色五角星。STELLA AZZURRA採用了以碳纖維材質為主，著重於生產輕量且高強度，專屬於職業級自行車零件的品牌。

從把手、龍頭、坐墊袋、水壺架與採用了EVA SOLE的車把帶等，到碳纖維前叉、碳纖維輪組……STELLA AZZURRA設計、研發著各式各樣的零件。雖然在日本並非知名品牌，一般消費者不太熟悉，但有著質實剛健的製造品質與極佳的設計性。

近年來被參加環法公開賽的職業自行車隊伍所採用的車把帶「TECNO SPUGNA車把帶」（1370日幣），也獲得了高度的評價。

Vittoria

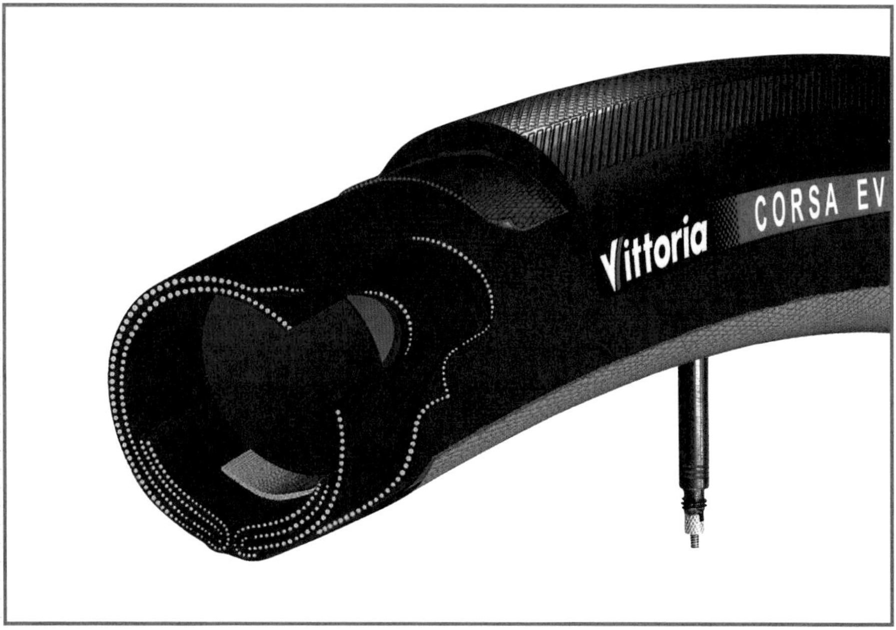

產品陣容齊全
保障高性能與安全性的輪胎品牌

原本為輪胎製造商的老店，Atlanta Gomma公司旗下的高級輪胎品牌Vittoria。然而，為了能在今後與其他大廠之間的商場競爭中獲得勝利，於是選擇開創獨自的路線，一連展開了不被既有概念束縛，追求所有可能性的商品開發與銷售策略。Vittoria得以確立了一大輪胎品牌的穩固地位。

Vittoria輪胎高品質的關鍵就在於輪胎鑄造科技—TPI。所謂的TPI是輪胎1吋內的纖維總數，TPI的數值高，意味著橡膠量少，使輪胎能夠達到輕量，讓轉動摩擦減少，產生舒適性。Vittoria的所有公路車胎其TPI的數值都標有等級，從26到320，有著各種不同的規格輪胎，對應各種騎乘需求。擁有如此紮實的科技，Vittoria不僅受到頂尖選手的支持，也順勢展開了場地賽用輪胎與一般日用自行車輪胎的生產，堅實地支撐著各類自行車騎士。

Vittoria the choice

洽詢：泓輪國際　TEL.(04)3600-6969　http://www.vintagecycle.com.tw/intro.html

無以計數的光輝成就 為自行車手帶來安心與信賴感

OPEN CORSA EVO CX2
價格：7,612日幣
世界的頂級選手到業餘愛好者都愛用的旗艦款開口式外胎。重量210g

EVO 55
價格：1,207日幣
稱得上Vittoria招牌的輕量內胎。重量就像名字一樣為55g，氣嘴有42mm與51mm兩種。

TOPAZIO PRO
價格：2,888日幣
最適合訓練用的高C／P值內胎式輪胎。重量為230g

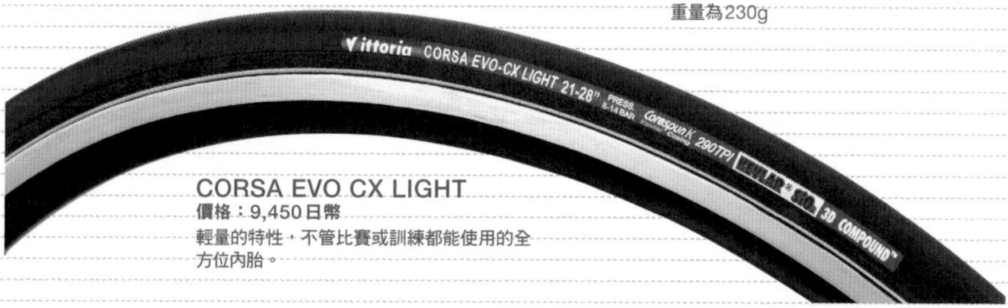

CORSA EVO CX LIGHT
價格：9,450日幣
輕量的特性，不管比賽或訓練都能使用的全方位內胎。

Logo Brand

Tommasini

Tommasini

洽詢：喜托普貿易 TEL.(02) 2321-5111 http://www.hitopbike.com.tw

TECNO
價格：320,250日幣（車架）
Dedacciai Columbus NEMO 鋼管車架，可以指定顏色。

極具存在感的優雅外表 讓騎乘者熱血沸騰

總公司設立於義大利半島北部托斯卡尼省的Tommasini，是創辦人Lion Tommasini從現役自行車選手時代便已經成立的品牌，可見歷史之悠久。Tommasini的自行車有著高雅造型、做工與優異設計，使Tommasini在1960年代後期，短時間內便博得許多自行車手的好評，至今仍受到許多忠實支持者的愛戴。

不僅是車架，Tommasini也將產品跨足到碳纖維材質的輕量龍頭、車把帶、鋁製水壺架、坐墊袋等裝飾品與裝備。當初Tommasini僅在日本發售的鋼管車架「SINTESI」也相當受自行車玩家歡迎。Tommasini的自行車架擁有纖細、洋溢古典氣息與舒適的騎乘感。而且像是上圖介紹的「TECNO」輕量自行車，車手光是跨坐上去，就能感受到一股熱血沸騰的激動，趕緊上路奔馳吧。

VELOFLEX

VELOFLEX hand made in Italy

洽詢：VELOFLEX　TEL.(02)8221-1407　http://www.all4cycling.com.tw/

Record
價格：7,280日幣
130g的超輕量內胎式輪胎，應該會成為登山賽的終級武器吧。

由專家一條一條手工製作 高抓地力輕量輪胎

VELOFLEX是義大利唯一採用手工製作方式的超抓地力賽車胎品牌。是原本Vittoria的技術人員Colleoni，為了追求並實現自己的理想，所創立的品牌。

VELOFLEX輪胎極佳的彈性與過彎時的安定性，連職業自行車選手們都高度信賴。在環法公開賽等世界級的自行車賽事中，甚至還有頂級隊伍的選手自行選購來使用，在賽場上屢創佳績，顯見對其性能的信賴。

儘管抓地力強，轉動摩擦卻小的VELOFLEX。其秘密就在於具彈性的輪圈與取得絕妙平衡的高抓地力胎面橡膠。VELOFLEX的開口式外胎甚至被稱為「最接近管胎騎乘感的內胎式輪胎」。只要體驗過一次那種令人忍不住讚嘆的騎乘感受，就能實際體驗「義大利手工製造」的真正精髓，在自行車界如此受人肯定的卓越之處。

Wilier

Imperiale
價格：420,000日幣（車架）
採用了由計時賽自行車所造就的高明技術，具備極佳空力特性的旗艦版產品。

在空氣動力學權威的指導下 擁有卓越空力特性的名車

創業於1906年，至今已超過百年歷史。由原本為商人的Pietro Dal Molin所創立的Wilier，已榮獲如世界自行車錦標賽優勝等無數大獎，累積了一定的實績，是義大利屈指可數的老字號自行車品牌中的老字號。

Marco Pantani、Alberto Simoni、Damiano Cunego、Alessandro Ballan等實力堅強的頂尖選手們都愛用的Wilier，擁有美麗的外表，其內在也不容忽視，在至今成立超過100年以上的時間裡，已擄獲了無數支持者的心。

過去曾贏得世界自行車錦標賽等風光頭銜的Cento 1與空氣動力學權威John Cobb的指導下完成的車款，便是具有卓越空力特性的旗艦版「Imperiale」，流線的車架造型更具魅力。不僅是公路賽，從計時賽到鐵人三項等，可對應各種路況，是有志參加多種比賽的車手夢寐以求的頂級車款。

洽詢：泰好鴻業　TEL.(02)2585-5133

在百年以上的漫長歷史中獲得無數獎項

Cento 1 SUPER LEGGERA

價格：680,400日幣（車架）

為了紀念Wilier 100週年「Cento」的頂級版。採用一體成型的碳纖維車架，輕量化到極致。

Cento 1

價格：546,000日幣（車架）

在2008年世界錦標賽中贏得前兩名的自行車，擁有渾然一體設計與絕佳避震性能的公路車。

義大利品牌風格的美緻車架設計與比賽氣息，除了歐美國家外，在亞洲各國也有許多支持者。

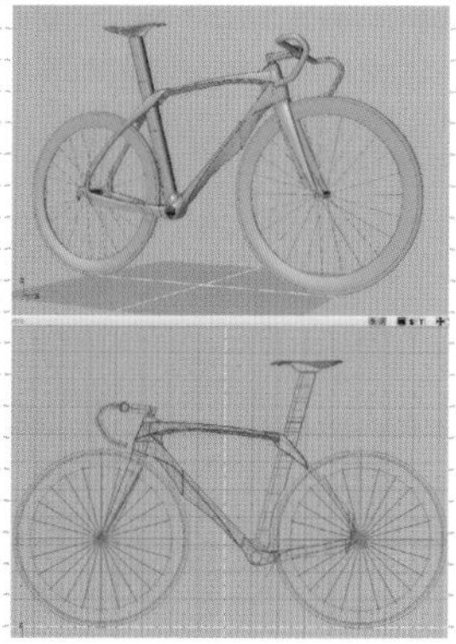

在空氣動力學權威John Cobb的協助下研發的Wilier自行車，可在與空氣阻力間的戰鬥自行車比賽，與計時自行車賽中能發揮最佳實力。

Logo | Brand

WR COMPOSITI

洽詢：InterMax　TEL.055-252-7333　http://www.intermax.co.jp/

RM08 31 公路車把手
價格：42,800日幣
超輕量的192g，短距設計的把手與彎把非常適合亞洲人的手掌特徵。

真材實料的強度與可靠性
超輕量碳纖維零件製造商

WR COMPOSITI除了替Campagnolo公司代工碳纖維零件，也從事製造把手與坐墊柱等碳纖維零件。甚至還有過頂級職業選手無視契約，自行使用於環法公開賽的軼事，是在職業車手間也相當受歡迎的品牌。

其原因就在於WR COMPOSITI的製品非常重視輕量化，耐用性及可靠性也高。從其還會被組裝進車架製造商的自行車成品當中，就可以看得出來。此外，WR COMPOSITI生產的登山車零件中，主要使用者也大多是以歐洲的車手為主。

據說研發負責人兼管理者的Alex Balestra，為了避免在重要比賽出現故障，新產品可以說幾乎都是不斷地經過重複嚴格測試，才得以問世。除此之外，WR COMPOSITI據說也有製造法拉利的賽車零件，真不愧是堅持高技術的製造商。

zerorh+

洽詢：Zero Industry　TEL.03-3515-3044　http://www.zerorh.jp/

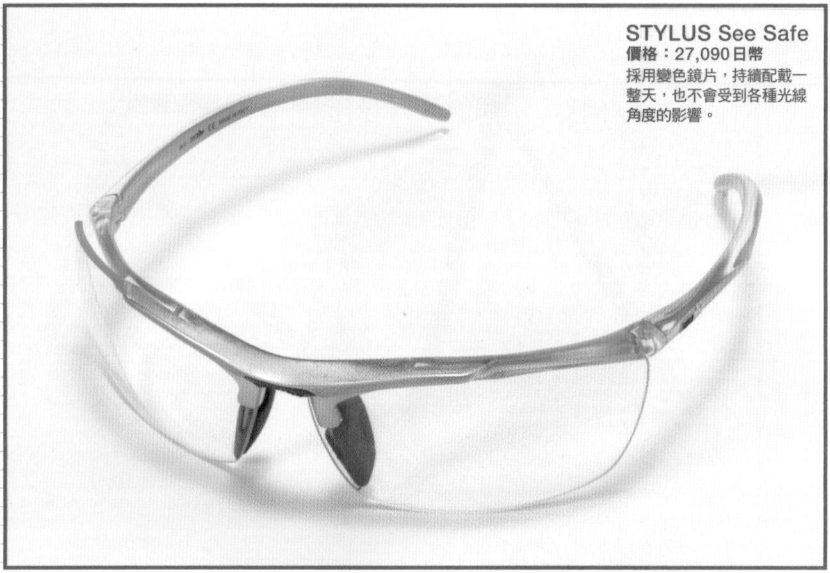

STYLUS See Safe
價格：27,090日幣
採用變色鏡片，持續配戴一整天，也不會受到各種光線角度的影響。

擁有秀逸設計性與機能性
運動選手專用的眼鏡

Albelt Brignone在離開BRIKO公司後，與私交甚篤的Benetton榮譽會長的兒子Alessandro Benetton兩人，所一起共同創立的公司就是zerorh+。

兩人以「純正的運動奢侈享受」（Pure Sportive Luxury）為品牌概念，將zerorh+鎖定在品牌行銷上展開行動。但zerorh+一直站在頂尖選手的立場，從未改變過持續研發選手需要技術的經營方式，極為受人信賴。不僅是重型機車界，從就連許多世界知名選手都選擇使用這點，就能看得出來。zerorh+的產品具備了眼鏡的頂級機能，且設計性也強，可謂是將機能昇華成美的產品，讓所有擁有zeror+產品的使用者，都能散發獨特的性格。從鏡腳到中樑的流線造型是所有款式所共通的。此堅持的態度正是zerorh+之所以追求美感的最佳答案。

Logo | Brand

ZULLO

ZULLO

洽詢：赫比霍斯　TEL.(02)2767-7718　http://www.hobbyhorse.com.tw/

TONICA
價格：241,500日幣（車架）
採用Columbus製鉻鉬鋼車架，適合長距離騎乘的車架。

放棄大量生產，堅持一架一架製作的創辦人Tiziano Zullo。他所創造的車架中蘊含著信念。

蘊含著質實剛建的堅定信念 車架製造者的傑作

於1976年時成立的ZULLO，在90年代曾發展至為環法公開賽的常客，荷蘭強隊「TVM」提供車架的廠商。在Tiziano Zullo想回歸手上沾滿油污的工匠堅持下，毅然決然辭去指定供應商的身份，回歸成普通的車架製造者，有著特殊經歷的工廠。

現在所生產的車架數量，一年在100架以下。從擔任供應商時曾為年產5000架的大製造商來看，看得出勇於大量減少生產數量，也要堅持對於車架製作的信念與熱情。

如此概念下Tiziano Zullo所製作的車架只能用質實剛健來形容，簡潔而具機能性。像「Tonica」為長途騎乘適用；「TOUR 91」為TVM的複製款式；「INQUBO」與「FORCE」為專業競速車款，可見ZULLO的各式車架產品，針對不同的需求有著各種不同的用途。

Madonna del Ghisallo

自行車手的聖地
騎沙羅教堂

沒有比在義大利更適合騎自行車的地方了。
因為這裡有守護騎士的聖人。

PHOTO／Yazuka WADA　ORIGINAL／Takehiro KIKUCHI
TRANSLATION／Masateru YASUDA

1. 自行車教堂誕生的功臣，愛爾曼林多・維尼奧神父。2. 義大利史上最強冠軍，馮斯托・科比。3. 最先獻上自行車的基諾・巴特利。

「實在是敵不過天災呢。幸好也有之前所拍過的教堂照片，所以不去也沒關係。」

受到了冰島火山爆發的影響，這次的採訪行程是在飛機航班極不穩定的狀況下進行的。但文章開頭並不是因為攝影師和田想要偷懶，而是出自於他：「因為已經去過好幾次了，只要請人寫好內容就好了」的體貼之語。

至今筆者已經造訪了義大利數十次，或許會被認為「想當然爾地已經去過很多次」的自行車車手的聖地－騎沙羅教堂（Madonna del Ghisallo）。之前來拜訪義大利時，都很想順道去造訪，但卻沒什麼機會，相當可惜，很想一探究竟。

Madonna del Ghisallo

從義大利米蘭到騎沙羅教堂，開車大概要2小時的車程。在Magreglio村的某個山頂上，有著供奉著自行車守護聖人的騎沙羅教堂，是具代表性的景點。配合環義自行車賽100週年而整修過的教堂外觀相當華美，看起來就跟普通的教堂一樣。

唯一不同的是，全身穿著運動衫的自行車手如洪水般地湧入騎沙羅教堂，就宛如朝聖一般。正在進行自行車賽訓練途中的人，就算經過時無法停下來拜訪，也在胸口畫十字架後再通過。

走進教堂，至今已在報導中看過多次的禮拜堂，就像照片所拍到地相當狹窄，且排列著許多世界知名選手的自行車。禮拜堂的牆上大量羅列著世界大賽冠軍的證明－彩虹衫、環法公開賽的黃色領騎衫、環義公開賽的粉紅衫等等眾多知名自行車選手在比賽中獲得的冠軍衫。

當我看著這個景象，感到目瞪口呆時，有位老先生從後面向筆者搭話……。

自行車教會誕生的契機

「這教會最初是在西元1200年左右建立的。陡急的坡道－騎沙羅峰，曾經是旅人們的險惡難關。因此，這裡是為了祈求能夠平安通過此艱辛路途所建的設施。右側的本堂是西元1400年比斯康提家族所蓋的，在西元1861年時，又為教堂蓋了廣場。」

擔任教會導覽員的馬力歐先生說：「當年妻子懷孕時，醫生診斷結果相當的不樂觀，

在教堂的入口，標示著是為自行車騎士所設立的教會。

←
上：聖母露出乳房的畫像是1950年以前描繪的作品。下：乍看之下是普通的教會，但裡面擺放著滿滿的名車。

AVE MARIA
MARIANO PICCOLI

B.V. DE GHISALLO DEI ET HOMINVM MATRI DICATVM

上：過去許多知名選手都曾造訪教會。
下：在環法公開賽優勝後，愛迪・麥克斯、馮斯托・科比捐贈出參賽車輛。

於週末擔任導覽志工的2人。左方為馬力歐先生。

「母子能夠平安地生產，都是托教會的福。」

從平凡無奇的繪畫中，也能夠感受得到該建築的歷史。

Madonna del Ghisallo

認為母子均處於十分危險的狀態。當時，我就在這教會拚命地祈求。結果母子都安然無恙，也順利平安地完成生產。所以，我就決定要用一輩子，為這個教堂服務。」

真是個好人，筆者在日本時，曾試著調查關於此教會的歷史，卻完全找不到。

接著，再回到他說的歷史故事。

第二次世界大戰中，位於米蘭的馬爾提尼奇孤兒院，搬遷到騎沙羅峰的山腳避難。孤兒院的愛爾曼林多・維尼奧神父（Ermelindo Viganò），每個禮拜都帶著孩子們在荒廢的教堂裡舉辦彌撒儀式。

有一天，愛爾曼林多神父與朋友費內羅尼在聊天時，談到了有很多自行車騎士會造訪騎沙羅峰口。在相當適合訓練的騎沙羅峰，業餘選手之中有時會甚至可見馮斯托・科比（Fausto Coppi）或基諾・巴特利（Gino Bartali）等知名的職業自行車選手。

費內羅尼有次與羅馬教宗的秘書說話時，提出了：「要不要將騎沙羅教堂建成服務自行車選手的教堂呢？」

1948年5月24日，在費內羅尼提案的同時，正好是環義自行車賽的期間，自行車選手發起了將騎沙羅教堂改成自行車教堂的請願連署活動，成為了新聞報導的焦點。

不僅如此，在環法公開賽開始前巴特利還來到了教堂，在愛爾曼林多神父面前許下了：「如果能夠在環法公開賽中獲勝，要將冠軍衫與自行車捐獻給此教會。」的心願。

結果，巴特利擊敗了對手科比，順利拿下了環法公開賽的冠軍。後來巴特利依照約定，將Legnano的自行車與黃色領騎衫捐獻給了教堂。

1948年10月，自行車選手們與愛爾曼林多神父的心願終於實現，羅馬教宗派契利決定認定騎沙羅為自行車騎

1.博物館中也展示著冠軍衫。2.教堂裡的冠軍衫。3.知名選手的自行車。4.莫斯挑戰一小時世界記錄時的曲柄。

1 & 2. 教堂在科摩湖（Lago di Como）旁的銅像。3. 愛迪・麥克斯在顛峰時期的自行車。旁邊拍到的藍色自行車是卡沙蒂尼（Fabio Casartelli）發生意外時騎乘的車子。

Madonna del Ghisallo

士的守護聖人，並決定將聖火分給騎沙羅教堂。身為自行車聖地的聖火，是由梵諦岡以自行車傳遞到騎沙羅教會，象徵著自行車車手教堂的誕生。

教會旁的博物館也是必看之處

接著，在教會的旁邊為展示具歷史性自行車的博物館，這裡展示著自行車始祖的Draisine，到最新的碳纖維車架，超過100台以上的自行車以及冠軍衫。

有著弗朗西斯科・莫斯（Francesco Moser）挑戰1小時世界記錄時的原車、朱塞佩・薩洛尼（G・Saronni）所騎乘過的Colnago等會讓比賽支持者與愛好者興奮不已的自行車，以及義大利傘兵所曾使用過附有懸吊系統的自行車等，在自行車史上均佔有一席之地的眾多收藏。

另外，說到騎沙羅教堂，就會想到有名的徽章造型護身符，在博物館裡也有販賣。價格為10歐元，其中2歐元會捐贈給教會。其他也有T恤與鑰匙圈。

但要來教會建議騎自行車，是最棒的體驗。如果經由北側的柏列吉歐，就會是坡度相當陡峭的路線。因此，如果對自己腳力沒有信心的人，最好還是經由南側的科摩前往。

從科摩的話，就算是女性或是初學者，只要保持一定步調騎乘，就不會太過辛苦。若從山頂俯瞰科摩湖，應該就能體會到這裡之所以會被選為自行車手的聖地的原因了。

入場費為5歐元。也播映著過去的歷史短片。

PART 1_ 山岳賽篇
PART 2_ CT盤篇
PART 3_ 對手篇
PART 4_ 4大品牌自行車篇

The history of Giro d'Italia

環義自行車賽的歷史

險峻的高山、知名對決、自行車及其零件等，
一同來回顧環義自行車賽的相關話題吧。

PHOTO & ORIGINAL ／ Takashi NAKAZAWA

專為義大利人所舉辦的比賽

相對於隨著國際及各國選手參賽，化使得本國選手越來越不活躍的環法公開賽，環義自行車賽可以說是「義大利為了義大利人所舉辦的比賽」。至今的92次大賽中，義大利人奪得勝利的有65次，獲勝率達71%。這個記錄遠遠超過了環法公開賽中法國人38%的獲勝率、以及環西自行車賽中西班牙人45%的獲勝率。

正因為是這樣的環義自行車賽，在觀戰時透過路線的特徵，與曾經發生過的知名對決、自行車器材的特殊性等，自然也就能夠瞭解到義大利的自行車文化。因此，以下將針對幾個主題，來詳盡地介紹環義自行車賽。

PART 1_ 山岳賽篇

讓選手們苦不堪言的 Gavia & Mortirolo

以嚴苛的山岳賽段而聞名的環義自行車賽，也因此發生了許多戲劇性變化。

朝Gavia山路前進的選手們。所有人都表情嚴肅，就像是送葬的隊伍一般。圖為2006年的環義賽。

Gavia山頂的標誌。海拔高度為2652m，空氣相當稀薄。

海拔1852m，而以陡峭坡度聞名的Mortirolo山路。

世界最大型的比賽與世界最難的比賽

環義自行車賽的山岳賽段相當地嚴峻。因為與環法公開賽的山岳賽相比，平均斜度更大的山峰不計其數。不僅如此，除了道路狹窄外，甚至偶爾還會有未修整的路段。再加上舉辦期間在5月，天氣狀況若惡化的話還可能會下雪。由於太過嚴苛，所以義大利人常說：「如果說環法公開賽是世界最大規模的比賽，那麼環義自行車賽就是最難的比賽。」

有許多足以代表環義自行車賽的山隘，像是Stelvio、Pordoi、Monte Bondon、Zoncolan等，多到幾乎無法將其一一列舉。因此，在此就特別舉Gavia與Mortirolo山路賽段為例，並回顧在該地所發生過的知名勝負。

在1988年的Gavia山路，在比賽中下起了暴風雪。如果是現在的話或許能夠採取縮短比賽路線的措施，但當時的通信設備簡陋，暴風雪的消息很晚才傳到裁判耳中，而此時選手們已經進入了山區。不斷有選手因為凍僵的手握不住煞車而摔車。在這裡跑完全程而順利拿下總冠軍的就是美國選手Andy Hampsten。據說他使用車隊剛好準備的凡士林，塗滿腳部來禦寒。

1994年Evgeni Berzin與當時的最強選手Miguel Induráin在Mortirolo進行一對一對決後，拿下了總冠軍。這些經典事蹟都在證明，只有能夠戰勝陡峭斜坡的人，才能夠成為環義自行車賽的勝利者。

※紅色所表示的部份，代表坡度10%以上

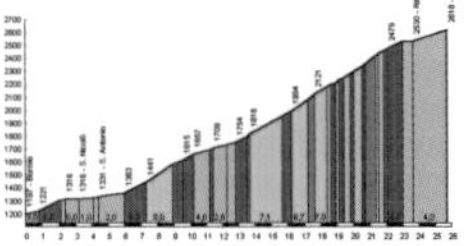

一口氣攀上1400m的海拔高度差

Gavia的博爾米奧側，海拔高度差在1400m以上，平均坡度為5.5%。

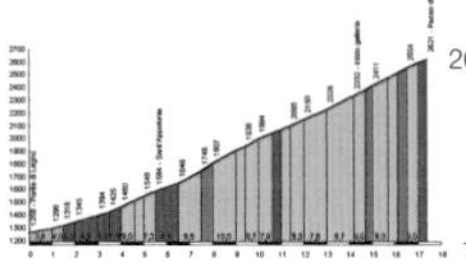

有著漫長險峻上坡的高難度路線

Gavia的Ponte di Regno側。平均坡度高達7.8%。

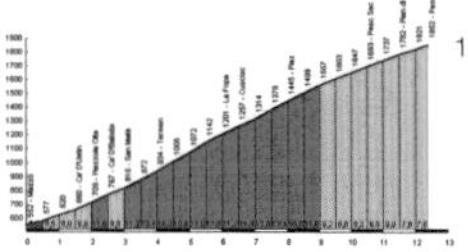

環義的知名陡坡，也是知名勝負的舞台

Mortirolo的Mazzo側。平均坡度居然高達10.6%。

PART 2_ CT盤篇

為了山岳路線難關
誕生的最終兵器

環義的山岳相當嚴峻，有時甚至超過20%的超陡坡。這樣的困難賽道，CT盤變得相當有效。

隨著時代演進而變小的內齒盤

直到1950年代為止，齒盤的內齒盤達46T或45T，這是很普遍的現象。當時的選手在山岳競速時，用的是現在只有在平地的計時賽時才會用的大齒盤。其中或許也有「身為職業選手，這點程度的齒盤都踩不動的話怎麼行呢？」的心態。

Campagnolo之後在60年代推出Record曲柄後，一開始是44T，接著能夠裝上42T，使選手的負擔大幅減輕。到了80年代，SHIMANO Dura-Ace實現了能夠裝上39T的齒盤，受到職業選手的大力支持。對此一直保持觀望態度的Campagnolo，也在1985年發表的C Record，實現了裝備39T的可能性。在2000年左右時情況則正好相反過來，Campagnolo比SHIMANO率先推出了內齒盤為34T的CT盤，成為征服難關賽道的重要利器。

裝備Record CT的樂透車隊自行車

2006年環義賽中Davitamon Lotto車隊的自行車上，裝備的Campagnolo Record CT（compact）曲柄。

FSA的曲柄也相當受歡迎

Liberty Seguros車隊裝備FSA・K Force Light的CT盤參加山岳賽。

Simoni裝備52×36T挑戰山岳

2001、2003年環義霸者Gilberto Simoni不裝備一般的50×34T，而是以52×36T挑戰Gavia與Mortirolo。

貝提尼以50×34T來穿山越嶺

沒把目標放在山地站的Paolo Bettini，用一般的50×34T來穿越嚴苛的山地。

2006年環義自行車賽的霸者Ivan BASSO，使用的是FSASL-K CT盤。

7800系列的Dura-Ace中並沒有小型齒盤，所以SHIMANO用戶使用的是FC-R700。

PART 3_ 勁敵篇

上演絕死對決
歷史留名的勁敵們

在任何的時代中，都存在著英雄與競爭對手。
在此看看這些競爭對手的淵源吧。

等待比賽開始的科比（右）與巴特利（左）。在40～50年代是義大利兩大明星選手。

Angelo Fausto Coppi **VS** Gino Bartali

科比 VS 巴特利

代表義大利的民族英雄
Fausto Coppi

1919年9月15日出生於皮耶蒙特省卡塔龍尼亞。取得40、47、49、52、53年環義自行車賽冠軍。1960年去世。

科比的勁敵
Gino Bartali

1914年7月18日出生於托斯卡尼省Ponte a Ema。取得36、37、46年環義賽冠軍。7次登山賽冠軍。2000年去世。

將義大利一分為二呈對比的明星選手

巴特利在1935年成為職業選手後，很快地在翌年的1936年便在環義自行車賽中奪下總冠軍。1937年環義自行車賽二連霸，1938年在環法公開賽中維持勢如破竹的進擊，但在悄悄迫近的戰爭陰影下，選手變得無法繼續如願地進行活動，Bartali的職業生涯也被迫中斷。大戰期間，巴特利由於討厭法西斯主義而參與反抗運動，並幫助受納粹迫害的猶太人逃亡。

科比比巴特利年輕5歲。1940年雖然以年僅19歲便拿下環義自行車賽總冠軍，達成衝擊性十足的出道記錄，但與巴特利同樣都因第二次世界大戰而被迫中斷職業生涯。

戰後，可以說是進入了「科比‧巴特利時代」。巴特利拿下了1946年的環義賽後，科比接著取得1947、1949、1951、1952年環義自行車賽優勝，寫下總共5勝的紀錄。此時義大利分成科比派與巴特利派，兩派的興起成為了一種社會現象。對於因戰爭而荒廢的義大利，他們的活躍就像是國民的希望一般，也讓自行車運動重生。

這兩位選手有十分強烈的對比。科比充滿了都市而享樂的印象，巴特利則有農村純樸而拘謹的個性。因此，都市地區多為科比派，農村地區則以巴特利派居多。

看出科比的才能，將他招攬至自己隊伍中擔任副手的正是巴特利本人。

被稱為Campionissimo（冠軍中的冠軍）的義大利國民英雄科比。

米蘭的神童
Giuseppe Saronni

1957年9月22日誕生於皮耶蒙特區諾瓦拉。奪得1979、1983年環義自行車賽冠軍。只參加過一次環法公開賽。

特倫托的英雄
Francesco Moser

1951年6月19日誕生於托倫蒂諾、上阿迪杰區的Giovo。在環義自行車賽取得1984年冠軍，拿過3次總成績第2名。

70～80年代讓環義賽沸騰的2人

Giuseppe Saronni **VS** Francesco Moser

薩洛尼 VS 莫斯

1977年，薩洛尼年僅19歲便成為職業選手。在1979年的環義自行車賽中，於第8站由莫斯手中奪得粉紅衫，並死守到最後而拿下了首次環義自行車總冠軍。1983年也是以同樣的方式取得優勝。另一方面，在巴黎～盧貝等單日賽中，表現出壓倒性實力的莫斯，並不擅長多日賽，常常會在嚴峻的山地站中失速。當然，薩洛尼的存在也是個很大的因素。令人意外的是，莫斯拿下環義自行車賽的冠軍，只有在與費農（Laurent Fignon）進行死鬥的1984年而已。

史上最強選手
Eddy Merckx

1945年6月17日出生於比利時布魯塞爾，總共拿下525勝的最強選手。到1974年總共拿下環義自行車賽5勝。

帕加馬的男子漢
Felice Gimondi

1942年9月29日出生於倫巴底區Sedrina。1973年世界大賽冠軍。1967、69、76年環義自行車賽冠軍。

與史上最強的選手進行激戰

Eddy Merckx **VS** Felice Gimondi

麥克斯 VS 吉蒙蒂

吉蒙蒂出身於義大利自行車選手最多的帕加馬地區，1965年成為職業選手便拿下環義自行車賽第3名，接著又在環法公開賽中拿下總冠軍。然而，當時是有著「食人魔」（The Cannibal）別名的史上最強選手麥克斯的全盛時期。在才華洋溢的吉蒙蒂之前方，聳立著麥克斯這座高牆，被其阻斷了多次的勝利。吉蒙蒂雖然贏得1967、69、76年3次的環義自行車賽勝利，但如果沒有麥克斯（取下1968、70、72、73、74年冠軍）的話，想必其獲勝次數一定還能再往上攀升。

達成完全優勝的
Gianni Bugno

1964年2月14日出生。在1990年環義自行車賽中，寫下從第一天到最後一天守住了粉紅衫的完全優勝記錄。

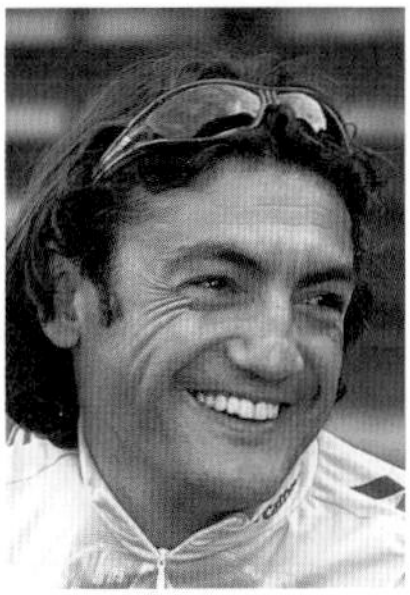

在山地展現實力的
Claudio Chiappucci

1963年2月28日出生於倫巴底區的瓦雷澤。在環法公開賽、環義自行車賽中曾經各拿下兩次山地賽冠軍。

在米格爾・英杜蘭的背後

Gianni Bugno **VS** Claudio Chiappucci

布尼奧 VS 蓋布奇

就像是麥克斯的活躍表現下，破壞了吉蒙蒂許多次取得勝利的機會，又或因為阿姆斯壯而飲恨落敗的烏爾理希，布尼奧與蓋布奇也常被英杜蘭（Miguel Induráin）阻斷了勝利的機會。相對於布尼奧還曾經拿下過1990年的環義自行車賽冠軍，蓋布奇則完全未曾在三大賽中取得優勝。若要說「萬年第2」是為了蓋布奇而存在的，也一點都不誇張。儘管如此，這兩人還是深深地留在車迷記憶之中，這又是為什麼呢？這當然是因為他們展現出貫徹「Sempre Attacco」（積極攻擊）的跑法。

1）2008年Juan Antonio Flecha所使用的輕量型EXTREME C。2）2004年稱霸世界大賽時Oscar Freire所使用的C50。3）2008年Erik Zabel所使用的EPS，是有著傳統配色的特別車款。

1）2003年Jan Ullrich所使用的EV3。傳統的配色相當具有魅力。2）2006年UCI職業聯盟賽事冠軍的Danilo Di Luca所使用的全鋁合金自行車・FG Light。3）2008年Robert Hunter所使用的928 Carbon。

colnago

1953年Ernesto Colnago在米蘭郊外坎比阿諾所創立的品牌。至今贊助了許多職業車隊，獲得無以計數的勝利。

bianchi

1885年時，由Edoardo Bianchi於米蘭的Nirone創辦的品牌。現在在貝爾加莫省的特雷維格里奧，設立了賽車部門在內的工廠。

稱霸2004年巴黎～盧貝賽時，Magnus Bäckstedt所使用的Bianchi XL Titanium。

PART 4_ 4大品牌自行車篇

點綴了職業比賽如寶石般的自行車們

職業自行車比賽的魅力並非只是優秀的選手們，其中所使用的自行車也散發出不凡的光芒。

1）2003年 DE ROSA創立50週年紀念所發表的車款Cinquanta與Ugo De Rosa。2）採用液壓鋁合金管材的新型概念車—MERAK。3）全碳纖維的旗艦車款King。現在已經進化到King 3。

1）唯我獨尊的鎂合金自行車Dogma FP。2）2005年Fassa Bortolo車隊使用的TT自行車MONTELLO。3）05年Illes Balears-Banesto車隊使用的PINARELLO的副牌Opera。

de rosa

1953年由創始人Ugo De Rosa在米蘭所創立的專業比賽用自行車品牌。堅持少量生產，且成車只採用Campagnolo的套件。

pinarello

1953年Giovanni Pinarello在威尼托區特雷維索所建立的品牌。在米格爾・英杜蘭的環法公開賽五連霸的推波助瀾下，一舉成為頂尖品牌。

其他車款……

Protos與De Rosa家族三兄弟Danilo、Doriano、Cristiano共同合影。

2008年Alejandro Valverde所使用的PINARELLO Prince碳纖維車款。

2001年Stefano Garzelli所使用的COLNAGO名作車款C40。

愛車就搭這個零件吧！

義大利車款零件搭配術

義大利車架最適合搭配義大利品牌零件。
以下請教3間店長，教我們3大品牌的搭配技巧。

PINARELLO

Squipe山添先生的建議！要搭FP3的話

以基本款零件為基礎 再配合車架顏色

FP3是適合Gran Fondo長征賽事的自行車，因此以舒適的材質製作的零件，也是相當不錯的選擇。另外，依照車架的顏色來選擇零件的配色，就能打造出時尚的外觀。

PINARELLO「FP3」的Gran Fondo款在哪買？

運動自行車Squipe
山添悟志先生

〒243-0018
神奈川縣厚木市
中町4-5-15
TEL.046-223-1319
http://squipe.jp/

STEM

龍頭

Deda Elementi
ZERONERO 31白色龍頭
價格：32,800日幣

此龍頭僅在夾鉗的部份使用鋁材，其餘部份都是以碳纖維製造。除了輕巧外，也使容易破損的部份得以增強韌性。如果選擇此避震性佳的龍頭，就能與FP3的全車概念完美搭配。

HANDLE BAR

把手

Deda Elementi
PRESA 31 Compact
價格：38,980日幣

把手與龍頭都是選用Deda Elementi，是最近流行的Short Reach短距離把手，從身體到上把手的距離，與到煞變把之間的距離短。彎把部份的形狀，即使也是手掌較小的東方人容易掌握。

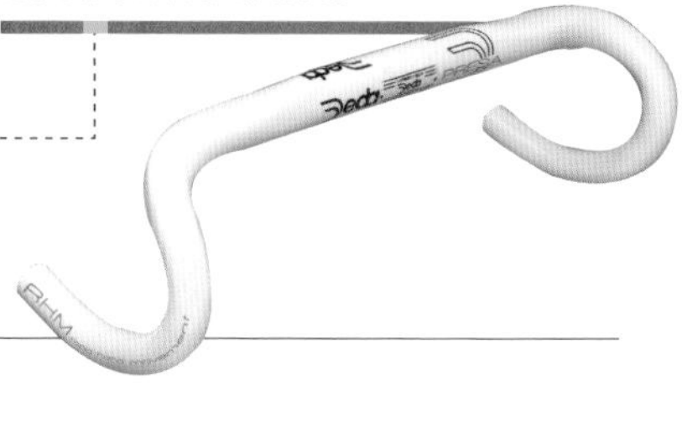

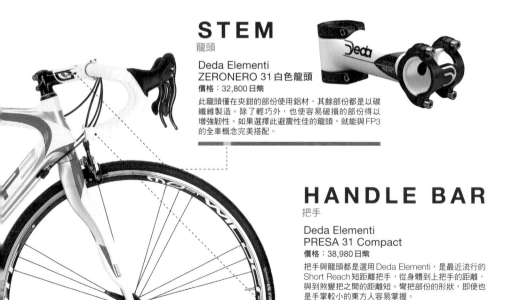

SADDLE
坐墊

fi'zi:k
ARIONE CX K:IUM
價格：18,500日幣

色彩選擇性豐富，所以可以配合車架的顏色來選擇。Arione的坐墊款式比Antares來得柔軟，在騎乘的時候也容易變換前後位置，應該很適合搭配以長距離為特長的FP3。

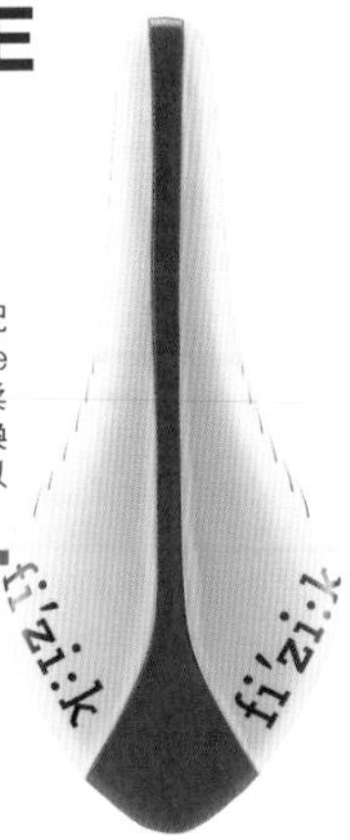

SEAT POST
坐墊柱

Deda Elementi
Superzero
白色碳纖維坐墊柱
價格：24,800日幣

包括坐墊柱的品牌與顏色，也與龍頭及把手相同，以強調統一性坐墊柱是以兩根螺絲來固定坐墊，所以便於改變位置，在維修保養上十分便利。坐墊角度也容易調整，相當值得推薦的款式。

WHEEL
輪組

Campagnolo
Eurus 2Way Fit
價格：142,800日幣（一對）

越是高級的輪組，用途就越窄。對於FP3而言，與其使用超輕量的碳纖維管胎輪組，選擇具有更廣泛用途的類型會更適合。因為是Gran Fondo類型的車架，選擇適合長途騎乘、舒適的無內胎系統！

PINARELLO
FP3 Carbon
價格：418,000日幣
（ATHENA成車）
FP3是成車規格的款式，所以可以更換高級零件的前提來選購。

COLNAGO

Millano木村先生的建議！如果要搭配EPS的話

競技類型的車架
就要搭配競技類型的零件！

EPS是為了要參加比賽的車手所誕生的自行車。由於戰鬥力高是它的特性，所以不建議採重視時尚感的組裝，而應優先以機能性來做設定。

選擇COLANGO「EPS」時
會想組裝成競速車款吧？

Millano公路車部門
木村隆博先生

〒340-0022
崎玉縣草加市
瀨崎町2104
TEL.048-920-5874
http://www.rg-milano.jp/

HANDLE BAR
把手

Deda Elementi
ARANERA 白色碳纖維
輕巧把手

價格：75,800日幣

把手與龍頭為一件式的類型，但價格卻不算太高。更重要的是，與賽車風格的EPS相襯的外觀相當不錯。路感回饋直接，適合喜好設定偏硬的進階型玩家。

TIRE
輪胎

VELOFLEX RECORD 27in

價格：7,280日幣

在此推薦VELOFLEX的「Record 27in」的輪胎。雖然設計上相當傳統，但其工匠氣息相當不錯。內胎式輪胎被形容為「最接近管胎」的形式，擁有絕佳的騎乘感。

WHEEL
輪組

Campagnolo Hyperon One

價格：406,350日幣（一對）

此款輪組是相當高級的款式，本身重量非常輕巧！與EPS的車架造型相當搭配，裝上後的重量也相對減輕許多，有助於提升騎乘時的操控感。也有推出對應內胎式輪胎的款式，所以對於除了比賽外也想要享受悠閒騎乘的族群，也會是個不錯的選擇吧。

COLNAGO
EPS

價格：588,000日幣（車架）

雖然並不是注重騎乘時帥氣外觀的自行車，但還是會想讓顏色有所統一。

DE ROSA

Belleequipe遠藤先生的建議！要搭配MERAK的話

不管是要用在什麼用途 適合自己的身體最重要

MERAK是競賽用的自行車，所以也會建議搭配競賽用的零件。雖說如此，零件的選擇上還是要以適合身體結構為大前提，會讓人覺得不舒服的搭配絕對不行！

即便是DE ROSA MERAK
也要針對身體特性選擇！

Belleequipe
遠藤徹先生

〒984-0032 宮城縣仙台市若林區荒井押口128 Diohori II-105
TEL.022-288-2058
http://www.Belleequipe.com/

SADDLE

坐墊

selle ITALIA
SLR Fibra

價格：19,320日幣

身高不高的人，坐墊柱的長度會縮短，不過如果是這個厚度較薄的坐墊，坐墊柱就會較突出。身材較高的人也可以選擇fi'zi:k的款式，坐墊面的前後較長，坐太前面就會容易疲勞。

HANDLE BAR

把手

3T
Ergosum Pro Aluminium

價格：10,080日幣

比起最近在各地都受歡迎的Deda Elementi「Zero 100」，雖然把手距離較寬但彎把較淺，也相當適合想要騎乘MERAK但體型較嬌小的東方人。不過手臂較短的人則推薦Deda。

雖然不是自行車零件…

SHOES

鞋子

SIDI
GENIUS 5 PRO

價格：23,625日幣

由於東方人的腳趾較短，腳指頭在腳尖端。此鞋是將止滑墊稍微向前，裝設在前面的位置。此外，採用柔軟鞋底的設計，所以就算是缺乏力量的東方人也不會容易感到疲勞。

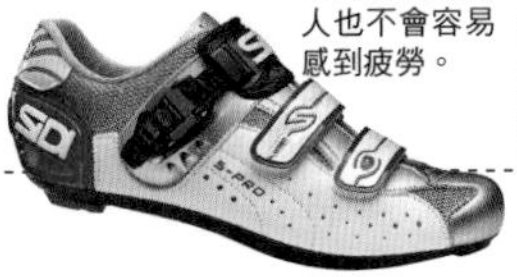

DE ROSA
MERAK

價格：510,300日幣（車架）

與COLANGO的EPS同樣都是競速類型，但遠藤先生強調的是如何針對身體的特性，去進行各類零件的搭配。

自行車玩家必備

義大利品牌新品推薦

碳纖維與鋼管車款、
把手、管胎、公路車鞋款等高性能產品，
在此集結義大利品牌的新品資訊。

洽詢：浩里奧 （04）2407-2668

2

ITM

PATHOM把手

材質：碳纖維
重量：225g
價格：NT$7,700

ITM 2011年頂級產品PATHOM系列車把手，100%碳纖維材質，重量為210g，運用EPS技術於本體結構，均勻分佈的樹脂和纖維層，進而提供安全而穩定的操控力。PATHOM的上握把以空氣力學為設計基礎，減低風阻的流線外型相當搶眼；手握的部份則採用小彎把設計，底部導管可以將走線收納起來。共有寬380～440mm的尺寸。

1

SCAPIN

Spirit R8

材質：鋼管TIG車款
價格：NT$81,000（車架組）

以現代技術和設計呈現的Spirit R8，採用同為義大利品牌的COLUMBUS特製鋼管，TIG的焊接技術使其重量比傳統鋼管更輕盈。以名為S.S.T的技術（Steel Surface Treatment），增加車架對於金屬疲勞的抵抗能力，以及車架的耐用度。另外採用W.P.T的技術（Weather Proof Treatment），強化車架抵抗外來腐蝕的能力，降低環境對於車架的不利影響，並且提升車架的表面硬度。前叉可選擇FK-SL輕量碳纖維前叉或FK-S碳纖維前叉。

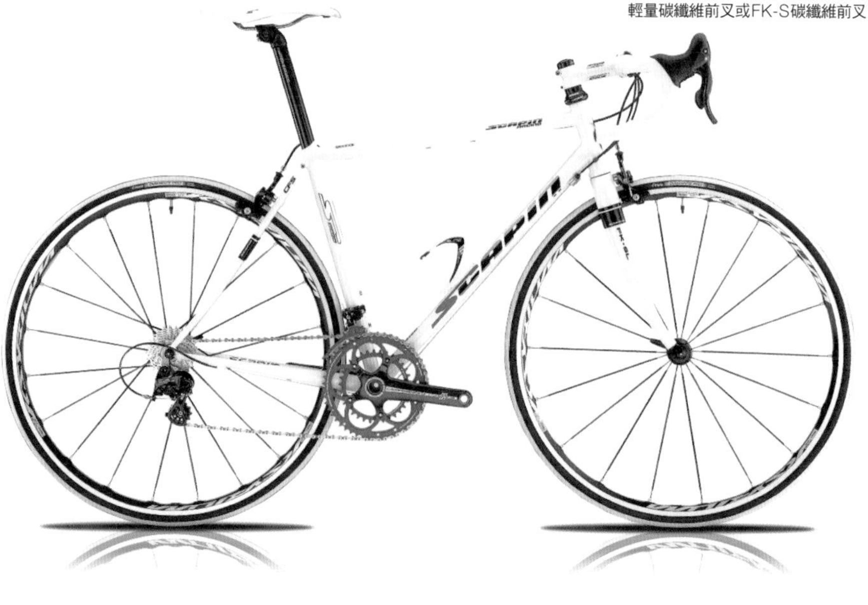

3

VITTORIA

HORA

材質：UD Carbon鞋底

價格：NT$12,500

公路車鞋款HORA的重量為307g，採用快扣及調整旋鈕設計，可以快速調整適合的鬆緊度，也可按鈕快速鬆開車鞋。維持一貫的高透氣度 舒適好穿的優點，可選擇加大楦頭。鞋底為超輕UD碳纖維，讓使用者的雙腳能夠更有效貼近踏板，使輸出效率完全發揮。許多職業車手在賽事中穿著Vittoria的車鞋，並贏得眾多勝利。

4

CHALLENGE

Criterium 700C管胎

價格：NT$2,700（單價）

Challenge提供Criterium管胎給職業車手運用在比賽中，並獲得無數的勝利和登上領獎台，證明Criterium的公路車管胎的高品質與高性能。共有3種配色，由天然橡膠與乳膠製成，參考重量260g。

5

DE ROSA

King 3 RS

材質：碳纖維車款

價格：電洽

King 3 RS車款特別採用10% T-700SC（＋50% High Modules）和 46T HS40 Carbon pre-Preg（＋40%High Strengh 60T），高係數1K碳纖維，提供高剛性與良好的振動吸收力，加上優異的加速效能，讓職業車手在賽場獲得勝利。多達10種尺寸，塗裝也採用新的顏色與特殊上色效果，可選擇加大頭管、碳纖維直前叉，以及BB30的中軸系統。2010年共有3個職業車隊採用De Rosa的KING 3 RS碳纖維車款，分別是De Rosa-Stac Plastic車隊、Carmiooro A-Style車隊、和Fly V Australia車隊。

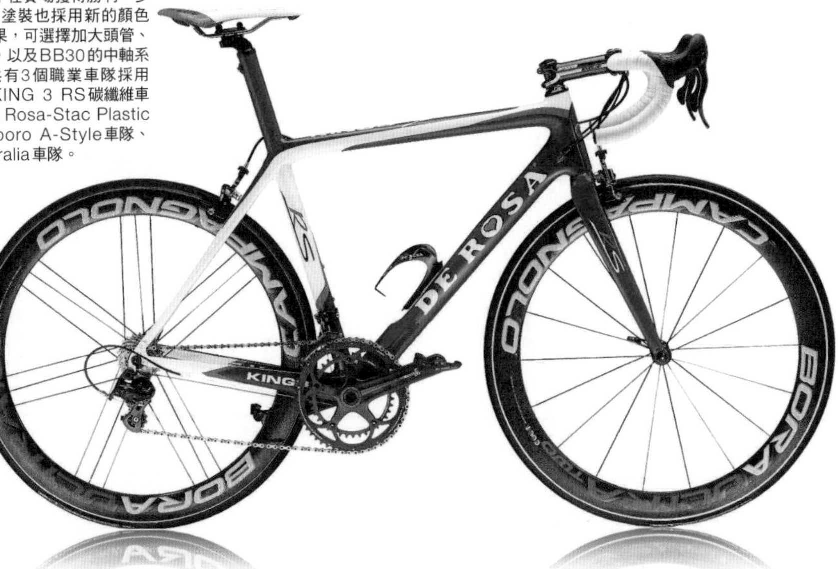

The Ideal Skill For Bikers a Safe & Fun Cycling

國際中文版

BiCYCLE CLUB 單車俱樂部

大受好評的BiCYCLE CLUB單車俱樂部雙月刊，
每期大特輯介紹各種自行車騎乘秘訣，
帶您從新手一步步琢磨各式騎乘技巧。
完整收錄實用的自行車維修、改裝術，
以及最新自行車用品等各式單元。
讓您享受極致的自行車騎乘樂趣。

全彩112頁
NT$99
歡迎劃撥補購

Vol.10

平地路段SPEED UP
超級秘技

Vol.11

燃燒脂肪騎乘術

Vol.12

公路車「彎把」
握持法

Vol.13

邁向職業高手的
終極技巧

Vol.14

上坡必殺技

公路車維修

全書152頁　NT$288

環法公開賽2010

全書152頁　NT$288

公路車試乘報告2010

全書176頁　NT$288

郵政劃撥：50031708　電話：(02)2325-5343
戶名：樂活文化事業股份有限公司
地址：台北市106大安區延吉街233巷3號6樓

LH PUBLISHING 樂活文化 樂活文化事業

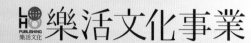

NIPPO
CORPORATION
PARENTINI
AGO

義大利品牌公路車&零件完全指南

Italian
Road bike & Parts
Brand Cyclopedia

樂活文化編輯部◎編

董事長　根本健
總經理　陳又新

原著書名　イタリアンロードバイク&パーツブランド大事典
原出版社　枻出版社 El Publishing Co., Ltd.
譯者　洪正光、林鍵鱗
企劃編輯　道村友晴
執行編輯　方雪兒
日文編輯　楊家昌、李郁萱
美術編輯　黃聖榜

財務部　王淑媚
發行部　黃清泰、林耀民
發行・出版　樂活文化事業股份有限公司
地址　台北市106大安區延吉街233巷3號6樓
電話　(02)2325-5343
傳真　(02)2701-4807
訂閱電話　(02)2705-9156
劃撥帳號　50031708
戶名　樂活文化事業股份有限公司
台灣總經銷　大和書報圖書有限公司
電話　(02)8990-2588
印刷　科樂印刷事業股份有限公司

售價　新台幣320元
版次　2010年11月初版

ISBN　978-986-6252-12-9
Printed in Taiwan

LOHO PUBLISHING
樂活文化